中国学生知识博物馆·第二辑

世界最美丽的

自然奇观

MOST EXPLORE

最探索系列

总策划／邢 涛　主编／龚 勋

华夏出版社

快乐认知　享受阅读

世界儿童基金会　林秀富

　　孩子们到了上小学前后的年龄，开始接触各种各样的知识。这些知识进入他们头脑的方式和过程，会对他们今后的思维模式、审美习惯以及判断能力等方面产生决定性的影响。

　　家长在这个关键阶段应该把握好培养孩子的绝佳机会。一套优秀的少儿读物，在此时就能给家长帮上很大的忙，解决很大问题，比如这套"中国学生知识博物馆"。翻开书页，你会发现这套书的整体设想既成熟又新颖：从知识结构上囊括了自然科学和人文科学的各个主要领域，让孩子在知识建构的基础阶段全面吸收有益营养；从体例设置上将严肃刻板的知识点巧妙拆解，独具创意地组合成吸引孩子主动动脑，培养立体思维的版面样式；针对孩子的注意力难以长时间集中的特点，这套书的每一段内容都精心设置成刚好适合孩子有效阅读的科学长度，在设计上巧妙地将文字与色彩和图形结合，让孩子阅读时始终处于轻松快乐的阅读环境之中。

　　丰富有趣的知识内容、灵活新颖的学习方式，让孩子们逐渐形成良好的阅读习惯，培养开放式的思维模式，在未来社会的国际化竞争中永远领先！

全面培养　均衡发展

中国儿童教育研究所　陈勉

少儿时期相当于一个人"白手起家"的时候，每一分收获都无比宝贵，印象深刻。研究表明，成年人真正用上的知识其实很多都是少儿时期的"原始积累"。所以这一时期孩子读到的东西，必须是高质量的。

这套"中国学生知识博物馆"着眼点在于孩子的"成长"，在编撰时较好地照顾了孩子的接受程度。知识虽是好东西，但也非越深越好，过深的内容孩子吸收不了，反而容易产生厌倦或畏惧，知识也会成为死知识，并不能对孩子的心智健康成长有所帮助。适合孩子的才是最好的。

这套书是一个全面、完整的综合性系列，下分两辑，内容上既囊括了世界上著名的发明发现、文明奇迹、自然奇观等，又有让你大开眼界的百问百答、探秘、奇谜等趣味百科知识。这些内容充分满足了孩子心智发育成长中所需要的各种养分，使孩子能够健康、均衡发展。在具体材料的选取上，本套书从历史观点到科学理论，充分利用各个领域最新的学术成果和信息数据，让孩子能够紧跟世界发展的脚步。这样的少儿读物，值得让孩子认真阅读，相信他们从中获得的收获一定不小。

前言
QIAN YAN

地球是一个古老而充满生机的星球。由于地理纬度、海陆分布、地形等地带性因素和非地带性因素的影响，地球上产生了许多令人叹为观止的自然奇观，如：高山峡谷、火山冰川、大湖飞瀑……当我们仰望高山、俯瞰峡谷或徜徉水域之时，就会被大自然的奇丽和壮美深深震撼。如果你无法遍历大自然的所有美景，那么就请翻开这本书吧。

这本《世界最美丽的自然奇观》为你遴选了世界范围内极具代表性的奇特景观，从地球之巅珠穆朗玛峰到世界最深的峡谷——雅鲁藏布江大峡谷，从银练飞舞的尼亚加拉瀑布到号称"南美地中海"的亚马孙河，无一不是大自然震撼人心的杰作。全书按不同的地貌特点，将景观分为"山脉与峡谷"、"美丽水世界"、"冰川与火山"、"大地魔术师"和"沙漠奇景"五个部分。全书文字生动翔实，每处景观都配有精美的实景图片，给你带来身临其境的感觉。

如何使用本书

同学们，为了使大家能够轻松愉悦地阅读本书，系统地掌握世界众多著名奇观的特色，我们对本书的版式和内容作了介绍说明，这样既方便你查寻翻阅，又能节省你的时间，还能让你加深对书中信息点的把握和理解。那就请你先仔细读完这一部分，再欣赏世界各国的自然奇观吧！

主标题
本节的主要知识内容。

地图
标示出本节自然奇观在大洲中的位置，加深你对这个自然奇观的全球空间感。

自然奇观档案
概括出本节自然奇观的位置和代表景观。

主标题说明
对本节知识作一个系统的介绍，让你对各个知识点有一个直观的认识。

图片
与本节知识点相关的实景照片，能够给同学们带来强烈的视觉冲击，同时还可以让大家对文字内容有更真切的认识。

世界最美丽的**自然奇观**

拱门国家公园

拱门国家公园档案
位置：美国犹他州东部
代表景观：美景石拱

风化拱门是拱门国家公园的代表性景观。

拱门国家公园位于美国犹他州的科罗拉多高原上，是世界上最大的自然沙岩拱门集中地之一。园区内有记载的天然岩拱就超过2000个，堪称全世界风化拱门分布最多、最密集的地区。由于当地的地质原因，新的拱门仍在不断产生。在众多的风化拱门之中，最雄伟壮观的就是著名的美景石拱了。

科罗拉多高原上的岩拱

168

篇章页

介绍本章主要内容的生动文字，再配上相关的精美图片，让同学们能够快速了解全章的内容要点。

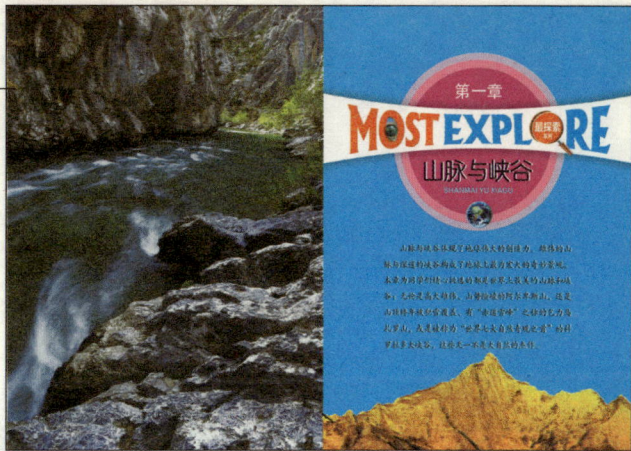

第一章

MOST EXPLORE 超探索

山脉与峡谷

SHANMAI YU XIAGU

上帝为她保存着地球伟大的创造物。相传很古，形为彩图的成岩物质大约无数年的风雪洗礼；未来亿万亿年伴心的抗拒的那更多更大高大的山峦奇山脉，无处是雄大峰岭，山岭过往的怪在那里凸，这是山河将要叙述我遥远，看"南窗石拱"北山岭过光为这儿千山，我是雄的为"世界大自然景观全部"的地球彩多大峡谷，世界又一不思大自然柏林千。

奇特的天然拱门

拱门国家公园以众多的奇特拱门而闻名，而奇中更奇的拱门景观首推**美景石拱**。美景石拱是公园中最大的石拱。它宛如一条细长的丝带，以优雅的姿态衔接着两侧的岩壁。它把"**南窗**"和"**北窗**"两个拱门连成一线，看起来好像一双眼睛，令观者无不啧啧称奇。就连犹他州政府，也把它作为犹他州标志上的图案。每年都有众多访客带着不同目的来到这里，一睹拱门奇观。

跟我一起去看美国犹他州的岩拱奇观吧！

"北窗"拱门就像一只巨大的眼睛。

盐床造就的拱门吸引了众多游客前来观赏。

盐床造就拱门

公园中的大量岩拱是怎么形成的呢？答案是**盐床**。原来，在3亿年前这里还是一片汪洋大海。在漫长的岁月里，海水消失了，**盐床和其他地质碎片挤压成岩石**，并且越来越厚。之后，盐床底部承受不住上方的压力而破碎，又经**地壳隆起运动**，加上风化侵蚀，就形成了一个个奇异的拱形石头。

169

书眉

双数页码的书眉标出书名，单数页码标出章名。

卡通图片

活泼可爱的卡通人物是你在阅读过程中的好伙伴，他（她）的话不但对景观有画龙点睛的作用，还能消除你的阅读疲劳呢。

图片说明

分为图名和图注。图名是对图片内容的简短概括，图注是对图片信息的详细解释。

辅标题

每一个具体知识点的名称。

辅标题说明

对这个知识点进行详细介绍或讲解。

第一章 山脉与峡谷

第二章 美丽水世界

第三章 冰川与火山

第四章　大地魔术师

第五章　沙漠奇景

第一章

MOST EXPL RE

最探索系列

山脉与峡谷

SHANMAI YU XIAGU

　　山脉与峡谷体现了地球伟大的创造力。雄伟的山
脉与深邃的峡谷构成了地球上最为宏大的奇妙景观。
本章为同学们精心挑选的都是世界上最美的山脉和峡
谷：无论是高大雄伟、山势险峻的阿尔卑斯山，还是
山顶终年被积雪覆盖、有"赤道雪峰"之称的乞力马
扎罗山，或是被称为"世界七大自然奇观之首"的科
罗拉多大峡谷，这些无一不是大自然的杰作。

长白山

长白山档案

位置：中国和朝鲜边境
代表景观：天池、林海

长白山位于中国吉林省东南部，中国和朝鲜两国的边境线上，因其主峰白头山多白色浮石与积雪而得名。长白山的林海和天池所展现出的奇异景色和质朴的原始风光，堪称天下一绝。它是一座天然的大博物馆，是地球上很少遭到人为破坏的原始生态保留地，不仅被列为国家级重点保护区，也被归入世界生物圈自然保护网。

生活在长白山上的梅花鹿是国家一级保护动物。

长白山下的溪流

长白山的林海呈现出一派原始风光。

长白山天池是中国最大的火山口湖。

14

多彩的垂直景观带

长白山自然环境最显著的特点是由山下到山上鲜明地分布着四个垂直景观带，即针叶林带、阔叶林带、针阔混交林带和高山苔原带。这是由于从山下到山上海拔高度的不断增加和地形垂直变化很大而造成的。这四个垂直景观带里都有丰富的物种，且各自的气候、植被都有鲜明的层次变化，因此有"一山有四季，十里不同天"的赞誉。

长白山北坡的火山岩

长白山山顶积雪真多，快来堆个雪人吧。

壮美的天池

在长白山丰富的自然景观中，天池是最为壮丽和最具有神秘色彩的地方。它有丰富的水量，是松花江、鸭绿江和图们江三条大江的源头。登山俯视，整个湖面呈椭圆形，就像一块碧蓝的大宝石镶嵌在群峰之中。水面上经常被云雨和水雾笼罩，更显得神秘莫测。

火焰山

火焰山档案

位置： 中国新疆吐鲁番盆地

代表景观： 吐峪沟大峡谷

热情好客的新疆人

　　火焰山是天山的支脉之一，《西游记》中对火焰山的来历进行了夸张描写，其实它的形成是造山运动的结果。在喜马拉雅山造山运动时期，火焰山这一地段陡然陷落。亿万年里，地壳横向运动又留下了无数条褶皱带，再经过大自然的风雨剥蚀，最终形成了火焰山起伏的山势和纵横的沟壑。每当盛夏，红日当空，热气蒸腾缭绕在火焰山的上方，壮观无比。

俺老孙到过的火焰山，如今怎么还这么热？

造山运动使火焰山形成了起伏的山势和纵横的沟壑。

吐峪沟是吐鲁番无核白葡萄的故乡。

热气蒸腾的火焰山

盛夏时节，火焰山的地表温度常常高达70℃，几百里内寸草不生，一直以来就有"沙窝里煮鸡蛋，石板上烙面饼"之说。火焰山的高温和酷热是怎么形成的呢？原来，这是由火焰山所在的吐鲁番盆地的特殊地理位置决定的。吐鲁番盆地位于亚洲内陆，四面环山，地势低凹闭塞，使得盆地内部的光热易聚不易散，从而形成了高温奇观。

火焰山葡萄沟内的绿荫长廊

葡萄沟的瓜果好甜啊！

驰名中外的葡萄沟

别看火焰山上不生草木，一片荒凉的景象，但在山下却有一个瓜果飘香的好地方，这就是以盛产优质葡萄而驰名中外的葡萄沟——吐峪沟大峡谷。这个峡谷是由两山夹峙形成的，两岸山体本是赭红色，在阳光的照耀下更显得五彩缤纷。峡谷中溪流湍急，果园遍布，成熟季节，果香盈谷。

黄山

黄山档案

位置：中国安徽省南部

代表景观：奇松、怪石、云海、温泉

俗话说："五岳归来不看山，黄山归来不看岳。"黄山的景色瑰丽多姿，这完全是地壳运动，加上风、霜、雨、雪、流水等自然力量琢磨的结果。黄山素有"人间仙境"之称，历来以奇松、怪石、云海、温泉四景为人们所称道，被誉为"黄山四绝"。1990年，黄山被列入联合国教科文组织的《世界遗产名录》。

黄山的景色如此美丽，真是"人间仙境"啊！

黄山三大主峰之一：莲花峰

绝壁上的黄山松展现着顽强的生命力。

黄山大部分时间都云雾缭绕，阳光照耀下的云海更显得绚丽多彩。

黄山迎客松已经成为黄山的一个标志。

看，迎客松在热情地欢迎我们呢！

险峻的峰林地貌

黄山素有"中国第一奇山"之誉。黄山的山峰众多，著名的有72座。天都峰、莲花峰、光明顶是三大主峰，海拔都在1800米以上。其他山峦以三大主峰为中心向四周铺展，跌落为深壑幽谷，隆起成峰峦峭壁，或崔嵬雄浑，或峻峭秀丽，布局错落有致，天然巧成，呈现出典型的峰林地貌。

飞来石

"黄山四绝"

"黄山四绝"历来为人们所称道：黄山松以迎客松最为著名，其形态酷似热情的主人张开双臂，恭迎游客；黄山的怪石中最著名的要数飞来石，它竖立在黄山光明顶上，让人产生一种从天外飞来的遐想；黄山的云海如烟似海，气象万千；黄山紫云峰下的温泉更是举世闻名。

雅鲁藏布江大峡谷

雅鲁藏布江大峡谷档案

位置：中国西南部青藏高原

代表景观：马蹄形大拐弯

雅鲁藏布江在下游的南迦巴瓦峰附近形成马蹄形大拐弯，在拐弯的顶部内外两侧，各有海拔超过7000米的山峰遥相对峙，形成高山峡谷地带，这就是闻名于世的雅鲁藏布江大峡谷。雅鲁藏布江大峡谷是世界上最深、最长的峡谷，其中最险峻的地段长约100千米，至今还无人能够通过，被称为"地球上最后的秘境"。

哇，这就是"地球上最后的秘境"啊！

雅鲁藏布江畔的迷人景色

大峡谷地区保持着原始的自然生态环境，堪称人间净土。

雅鲁藏布江大峡谷的水汽通道

"秀甲天下"的大峡谷

　　雅鲁藏布江大峡谷中的独特美景也堪称"秀甲天下"。这里存在着全世界仅有的珍稀冰川类型——季风型海洋性冰川。令人称绝的是，这里的冰川竟游弋在绿色的原始森林之中！有的冰川表面融化后，形成深厚的碎屑堆积物，上面竟然长有植被。难怪人们常用"菜花金黄映雪山，葱茏林海舞银蛇"来称赞这里了。

> 原来，雅鲁藏布江才是大峡谷美景的雕塑家。

"西藏的江南"

　　雅鲁藏布江大峡谷不仅地貌景观异常奇特，而且还具有独特的水汽通道作用。整个大峡谷凿开了喜马拉雅山脉和青藏高原的地形屏障，使南来的印度洋暖湿气流得以深入大峡谷内部。充足的热量和水分，使得大峡谷地区成为中国雨量最丰沛的地区之一，谷内植被茂盛，故有"西藏的江南"之称。

雅鲁藏布江大峡谷地区河流水面天然落差高达2755米，雄踞世界首位。

珠穆朗玛峰

珠穆朗玛峰档案

位置：中国与尼泊尔边界

代表景观：冰川、峰顶形态独特的旗云

珠穆朗玛峰又高又年轻。

珠穆朗玛峰下的冰川融水

看，我快要爬上世界上最高的地方了！

珠穆朗玛峰是喜马拉雅山山脉的主峰，海拔为8844.43米，堪称世界最高峰，有世界"地球第三极"之称。殊不知，这最高峰原来是一片汪洋。直到距今5000万年前，喜马拉雅造山运动才造就了这座世界最高峰。如今，珠穆朗玛峰以神秘的高原雪域风光，吸引了来自世界各国的登山探险者和地理科考专家前来一探秘境。

阳光照耀下的珠穆朗玛峰

世界屋脊

在珠穆朗玛峰周围20千米的范围内，群峰林立，仅海拔7000米以上的高峰就有40多座，从而形成了群峰来朝、峰头汹涌的壮观场面。这里还保存着世界上最为完好的冰川。在晶莹剔透的冰雪世界里，由风化岩石形成的高大石柱、石笋、石剑等，绵延数千米，蔚为壮观。在峰顶还有一种形态独特的云——旗云，仿佛迎风招展的旗帜，让人倍感神秘。

珠穆朗玛峰上空的旗云

世界最大的自然保护区

珠穆朗玛峰地区的雪豹

珠穆朗玛峰国家自然保护区的范围包括珠穆朗玛峰和其他四座海拔8000米以上的山峰，是世界上面积最大、海拔最高的自然保护区。在保护区内，有举世罕见的极高山生态系统和高原自然景观，还有丰富而独特的生物物种。这里生活着雪豹、藏野驴、长尾叶猴等国家重点保护动物。

梅里雪山

梅里雪山档案

位置：中国云南省迪庆藏族自治州

代表景观：太子十三峰、低海拔冰川

卡瓦格博峰

梅里雪山是由众多的雪峰、雪岭组成的。在这些雪峰、雪岭中，卡瓦格博峰以海拔6740米的高度成为云南最高的山峰。卡瓦格博峰和周围十二座山峰，合称为"太子十三峰"，是梅里雪山的主体景观。蓝天之下，雄壮的雪山和湛蓝柔美的湖泊，莽莽苍苍的林海和广袤无垠的草原，相互映衬，给人带来强烈的视觉冲击和心灵震撼。

梅里雪山的冰川

跟我一起来探寻梅里雪山的美景吧。

气势非凡的"雪山之神"

梅里雪山地区绵延的雪岭、雪峰，座座晶莹，显出千姿百态，并以**雄、险、秀、奇、幽**等特色享誉世界。梅里雪山中最有名的要数**卡瓦格博峰**了。卡瓦格博峰在藏语中意为"雪山之神"。云雾常年笼罩在雪峰之顶，或系挂于山腰，使它呈现出**朦胧神秘**的景象，就如同天上的仙境一样。

梅里雪山上云雾缭绕，美如仙境。

罕见的低海拔冰川

梅里雪山不仅有众多的雪岭、雪峰，还有各种雪域奇观。卡瓦格博峰下的冰川最有特色。那里冰川遍布，其中的明永冰川可谓最壮观的冰川。冰川冬季向下延伸，夏季退缩，延伸幅度大，消长的速度快，是**世界上罕见的低海拔冰川**。冰川造就了形态各异的**冰洞、冰笋和冰芽**等，令人观之趣味无穷。

看，这就是梅里雪山上晶莹如玉的冰块。

梅里雪山绵延的雪岭、雪峰

玉龙雪山

玉龙雪山档案

位置：中国云南省西部青藏高原东南边缘

代表景观：雪山主峰——扇子陡

玉龙雪山

玉龙雪山自古就是一座壮美的风景雪山，远远望去，宛如一条玉龙腾空。在地质历史上，玉龙雪山地区曾有近4亿年的时间为海洋环境，经过亿万年的地壳运动，才形成高山冰雪、高原草甸、原始森林等综合风光。整座雪山集中了亚热带、温带及寒带的各种自然景观，成为一个集观光、登山、滑雪、探险、科考为一体的多功能旅游胜地，这正是玉龙雪山独特的魅力所在。

玉龙雪山的冰川

跟我一起出发，向玉龙雪山奇妙的冰雪世界进军！

玉龙雪山是当地人心目中的神山。

26

壮美的雪世界

玉龙雪山的主峰扇子陡，因山脊呈扇面展开而得名。在平坦的丽江坝子北端，扇子陡拔地而起，就像一尊身着银盔玉甲、容貌英武刚强的勇士一样矗立云端。在扇子陡海拔4500米以上的山间，分布着19条冰川。冰川上尖锐的角峰和梳子状的刃脊，像一把把利剑插向云端。这些由玄武岩组成的雪峰，被切蚀成巨大的金字塔状，显得无比雄壮。

到玉龙雪山来滑雪，可得需要一定的胆量哟！

旖旎的牧场风光

在玉龙雪山东麓，分布着干海子（海子，藏语意思是"湖"）等高山草甸，形成了多姿多彩的牧场风光。干海子原为高山冰蚀湖泊，后来积水减少，渐渐干涸，成为今天的草甸。草甸上松林密布，草地如茵，景色十分美丽。春天来了，花儿遍地开放，这里便成了花的海洋。

玉龙雪山下的湖泊明澈如镜。

富士山

富士山档案

位置：亚洲日本本州岛中南部
代表景观：富士五湖

我是富士山的导游，欢迎同学们到日本来！

富士山是日本的最高峰，海拔3776米。它的山巅白雪皑皑，圆锥状的山体十分优美，几乎呈完美的对称形，恰似一把悬空倒挂的扇子。富士山的发音为"FUJI"，来自日本少数民族阿伊努族的语言，意思是"火之山"。它确实是一座火山，不过现在处于休眠状态。富士山在日本人民心目中的地位很高，被誉为"圣岳"，是日本民族的象征。

终年积雪的山顶与山脚下姹紫嫣红的花朵相映成趣。

休眠的火山

富士山据传是公元前285年因地震而形成的。据历史记载，它共喷发过18次，**最后一次是1707年**，此后变成休眠火山。富士山山顶上有一个很大的**火山口，像一只大钵盂**。由于火山口的喷发，富士山在山麓处形成了**无数山洞**，有的山洞至今仍有喷气现象，这成为富士山独特的自然美景。

富士山的湖中倩影

樱花掩映下的富士山

富士山的积雪真的很好玩哟！

"富士五湖"

在富士山的北麓有5个排成弧形的湖，即**山中湖、河口湖、精进湖、本栖湖和西湖**，这"五湖"从东至西围绕着富士山，**就像镶嵌在山体上的一串明珠**。其中，山中湖面积最大，约为6.75平方千米；河口湖是富士山北边**最亮丽的风景**；精进湖最小，为树木、山冈环绕；本栖湖位置最靠西，而且湖水深蓝，终年不结冰；西湖南面有红叶谷，长满枫树，秋景十分迷人。

阿尔卑斯山

阿尔卑斯山档案

位置：欧洲南部

代表景观：勃朗峰、少女峰

壮观的阿尔卑斯山脉

阿尔卑斯山是欧洲最高大雄伟的山脉。它西起法国东南部的尼斯，东到维也纳盆地，呈弧形分布，贯穿法国、瑞士、德国、意大利、奥地利等国，绵延1200千米。阿尔卑斯山山势巍峨高峻，以特殊的冰川地貌著称于世，山顶白雪皑皑，山下郁郁葱葱，有"大自然的宫殿"和"真正的地貌陈列馆"的美誉。

我想去少女峰，看看它有多美！

迷人的少女峰

迷人的阿尔卑斯山群峰

阿尔卑斯山群峰林立，著名的有勃朗峰、少女峰等。勃朗峰位于法国和意大利边境地区，是欧洲最高峰，享有"欧洲屋脊"的美称。它高高地耸立在群峰之巅，洁白的积雪在阳光照射下，变幻着艳丽的色彩。而少女峰位于瑞士中南部，宛如一位披着长发的少女，被人们称为阿尔卑斯山脉的"皇后"。

> 到阿尔卑斯山滑雪，一定很过瘾。

阿尔卑斯山山势雄伟、峥嵘而绮丽。

"冰雪巨人的世界"

阿尔卑斯山的冰川是世界最著名的冰川之一，许多冰洞景观令人神往。在奥地利境内的阿尔卑斯山地区有一处冰洞奇观——冰像洞穴，被人称为"冰雪巨人的世界"。冬天，洞穴里异常寒冷；到了春天，雪水和雨水渗进洞穴里，很快凝结成壮观的积冰造型。

阿尔卑斯山壮观的冰川景色

比利牛斯山

比利牛斯山档案

位置：欧洲法国与西班牙交界处

代表景观：索阿索大冰斗、奥尔德萨峡谷

阿拉扎斯河流的上游处处是砾石，山间生长着高山薄雪草、龙胆和银莲。

一山分两国，风景一定是各有千秋吧。

欧洲著名的比利牛斯山脉绵亘千里，逶迤起伏。它是欧洲西南部最高大的山脉，也是欧洲大陆与伊比利亚半岛的天然屏障。在西班牙境内的比利牛斯山有大而深的峡谷，在法国境内也有陡峭的环形石壁。两国都建立了自己的国家公园。比较著名的是阿拉扎斯河谷和奥尔德萨峡谷。

比利牛斯山脉的美景

绿色飘带——阿拉扎斯

阿拉扎斯河谷位于比利牛斯山脉中央。它的源头索阿索冰斗是一个巨大的天然圆形洼地。从索阿索冰斗再往上走是崎岖陡峭的小径，沿山谷的岩壁通向更荒凉的地方。大自然的侵蚀，造就了崖顶上一排排狭窄的石灰岩岩架。整座山谷像一条绿色飘带，从公园的嶙峋地貌中穿过。

比利牛斯山的雪中风光

好美的河谷呀，真的像飘带一样呢！

草木葱茏的奥尔德萨

阿拉扎斯河流的上游是遍布砾石的牧场，山间生长着高山薄雪草、龙胆和银莲等高山植物。在阿拉扎斯河两岸分布着高大的山毛榉、落叶松等乔木。当湍急的阿拉扎斯河水流经连串的阶梯瀑布后，就来到了著名的奥尔德萨峡谷。河谷中大片石灰岩峭壁巍然矗立，气势雄伟。这些峭壁与河岸上葱茏的草木相映成趣，宛如画境。

阿拉扎斯河谷

鲁文佐里山

鲁文佐里山档案

位置：非洲乌干达与刚果民主共和国边界

代表景观：山顶银白色的雪冠

在赤道附近能看到雪，可是件很稀奇的事哩！

鲁文佐里山脉地处赤道，山峰有终年不化的积雪。它终年戴着**银白色的雪冠**，在炎热的赤道附近显得尤为引人注目。另外，鲁文佐里山的群峰间隘口遍布，峡谷穿插，森林密布，景象极为壮观。它以独特的自然景观，被联合国教科文组织作为自然遗产列入《世界遗产名录》。

鲁文佐里山脉

鲁文佐里地区的动物

鲁文佐里国家公园

乌干达最大的公园

鲁文佐里国家公园位于**乌干达西南部**绵延起伏的平原和鲁文佐里山南麓的丘陵上，面积1978平方千米，是乌干达最大的公园。鲁文佐里山脉是非洲大陆少有的**永久被冰雪覆盖的山脉之一**。它的奇特之处是会放射光芒，其原因除了雪反射阳光外，还有花岗岩上覆盖着的云母片也会产生光。另外，从山脚到山顶，生态环境的变化幅度很大。

我们这里很潮湿，因为"鲁文佐里"就是"造雨者"呀！

"造雨者"

在当地语中，"鲁文佐里"意为"造雨者"。的确如此，这里雨雾天气特别多。令人惊奇的是，这里的每种动物几乎都比其他地方至少大一倍。比如蚯蚓有人的拇指粗，可长达1米；**黑猪体重则是非洲其他地方普通野猪体重的两倍**。经研究发现，这里的动物之所以特别高大，跟酸性土壤加上充足的雨量和阳光有很大关系。

鲁文佐里地区的植物

乞力马扎罗山

乞力马扎罗山档案

位置：非洲坦桑尼亚东北部
代表景观：基博火山

> 乞力马扎罗山的冰川真难爬啊！

"乞力马扎罗"在坦桑尼亚当地语中是"光辉的山"的意思。它在茫茫无边的坦桑尼亚大草原上拔地而起，海拔5800多米，是非洲第一高峰，被誉为"非洲屋脊"。乞力马扎罗山地处热带的赤道，山脚下虽是一片热带风光，而山顶上却是冰天雪地。整座山峰看上去气势磅礴，如同一位威武的勇士守卫着广袤的非洲大陆。

乞力马扎罗山的奇幻雪景

乞力马扎罗山山顶上是冰雪世界，山下却是热带草原景色。

36

"冰火玉盆"

　　远望乞力马扎罗山，蓝灰色山体同白雪皑皑的山顶融为一起。殊不知，它竟是一座至今仍在活动的休眠火山。它由希拉火山、马文济火山和基博火山组成。其中，最雄伟、最年轻的是基博火山。它的峰顶有一个直径2400米、深200米的火山口。洞口内四壁是厚厚的冰层，底部耸立着巨大冰柱。在冰雪覆盖下，整个洞口宛如巨大的玉盆。

基博火山的"玉盆"

　　山下好热呀，真想到山上凉快一下。

"赤道雪峰"

　　乞力马扎罗山地处赤道，山脚和山顶的气温却相差悬殊。山脚的气温酷热，最高可达59℃；但在峰顶，温度常在-34℃，终年覆盖着冰雪，冰川面积达4平方千米。所以，乞力马扎罗山又有"赤道雪峰"之称。平时山上云雾缭绕、变幻多端，给人以神秘莫测、飘忽不定的美感，吸引着世界各国的众多游客前来一饱眼福。

云雾缭绕下的乞力马扎罗山

落基山国家公园群

落基山国家公园群档案

位置：加拿大西南部

代表景观：加拿大的国宝——路易斯湖

落基山国家公园群包括贾斯珀、班夫、约霍等国家公园以及罗布森等省立公园。它不仅是北美洲自然奇观最集中的地方之一，也是世界上面积最大的国家公园群。这里的天然雪山湖、瀑布和山谷比比皆是，连绵的山脉在云雾的笼罩下显得十分神秘。班夫国家公园内美丽的路易斯湖，更是被誉为加拿大的国宝。贾斯珀国家公园，是北美最大的公园。园内分布着山川、森林、冰河、湖泊，是北美不可多得的避暑胜地。

让我们去看看世界上最大的公园群吧！

落基山国家公园群

加拿大的国宝——路易斯湖

在班夫国家公园的中央，点缀着美丽的路易斯湖。它被公认为落基山脉最美的湖泊，是加拿大人心目中的国宝。在阳光的照耀下，湖水颜色不断变化，时而翠绿，时而湛蓝。巍峨的山峰，晶莹的冰雪，葱郁的森林，碧蓝的湖水，艳丽的花丛，构成了一幅绝美的风景画。

班夫公园美景一瞥

落基山国家公园群里的湖光山色

面积最大的贾斯珀公园

贾斯珀国家公园的面积有10878平方千米，是落基山国家公园群中最大的公园。这里的景象也最为宏大，分布着宽阔的山谷、层叠的山脉、壮观的冰原、茂盛的森林。公园内发源于哥伦比亚冰原的阿萨巴斯卡河，沿着东面落基山脉的斜坡，流入风光旖旎的大奴湖、马里奴湖。公园内还有水温为54℃的斯普林格斯硫磺温泉，成为疗养的最佳去处。

科罗拉多大峡谷

科罗拉多大峡谷档案

位置：美国亚利桑那州

代表景观："天使窗"与"美德岬"

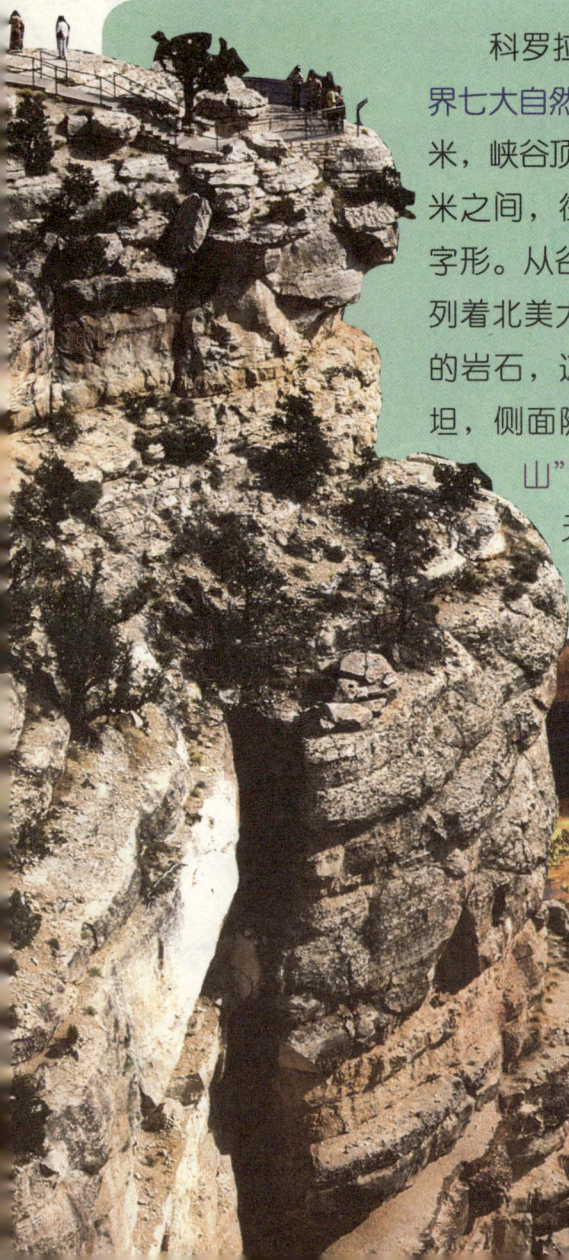

科罗拉多大峡谷以其奇特景观，位居世界七大自然奇观之首。峡谷平均深度超过1500米，峡谷顶宽在6000～30000米之间，往下收缩成"V"字形。从谷底向上整齐地排列着北美大陆不同地质时期的岩石，这些岩石大多顶部平坦，侧面陡峭，被称为"桌子山"。岩石的色彩会随着天气的变化而变化，景色蔚为壮观。

> 这些"桌子山"还真像我们用的课桌呢。

科罗拉多大峡谷的"桌子山"

峡谷中幽深的地层就像亿万卷层层叠叠的图书。

千姿百态的峡谷美景

峡谷中怪石嶙峋，重峦叠嶂，到处是千姿百态的奇峰异石和峭壁石柱。峡谷北缘的"天使窗"是山嶂上出现的一个通天空洞，南缘的"美德岬"则像古代将军挂印拜帅的将台，移步换形，千姿百态。放眼望去，大峡谷中幽深的地层就像亿万卷层层叠叠的图书，而迂回盘曲的峡谷则酷似一条宛转飘舞的绸带。

薄雾中的大峡谷

峡谷彩虹

"锯"断岩石的平静河水

科罗拉多河不分昼夜地向前奔流，长期冲刷着两岸岩壁，有时开山劈道，有时让路回流，在主流与支流的上游刻凿出无数的奇特岩石。数百万年以来，科罗拉多河就像一把连续不断的链锯，每时每刻都在切割着大峡谷底部的岩层，使大峡谷不断地变深、变宽，成为"峡谷之王"。直到现在，时刻奔流的科罗拉多河仍在"锯"着大峡谷。面对河水的伟力，谁又能不感慨大自然的鬼斧神工呢？

雨后的彩虹使本来就多彩的峡谷显得更美了！

大雾山

大雾山档案

位置：美国北卡罗来纳州和田纳西州之间

代表景观：薄雾笼罩的山峰、山谷

大雾山国家公园内草木繁茂。

这里的林地空气好新鲜啊！

大雾山山区空气湿度大，终年笼罩在浅蓝色的烟雾之中，它的名字也正来自于此。大雾山地形复杂多变，群山起伏，溪流密布，瀑布众多。整个林地像是一块未经雕琢的璞玉，静静地展示着一派原始风貌。大雾山的地貌特征、生物演化和物种多样性，使大雾山国家公园成为北美地区最好的自然保护区之一。

大雾山国家公园

变幻多姿的云雾

大雾山的云雾变幻多姿，使这里的山峰和谷地充满神秘感。薄雾笼罩的山峰如同一片梦幻之地，朦胧的山谷就像迷人的风景画。每天不同时刻，云雾呈现出不同的景象。清晨，云雾充满整个山谷，只有高处的山峰影影绰绰闪现在远方；中午，云雾变成了缕缕轻烟，缓缓地飘过山腰；日落时，云雾又变成了玫瑰色，映衬着夕阳下紫色的山岭。

壮丽的大雾山山色

古老丰富的物种

大雾山地区分布着世界上最完好的温带落叶林，生活着10万多种生物物种。据研究，这里茂密的森林和多样性的物种与地形有很大关系。原来，高大的北美阿巴拉契亚山脉阻挡了远古的冰川的侵袭，使这里得以保存很多古老的生物，如两栖动物赤腹蝾螈就是这里特有的古老物种之一。物种的多样性和地貌的独特性，使大雾山公园成为北美最著名的生物保护区之一。

大雾山气候湿润，怪不得有这么粗的大树！

死谷

死谷档案

位置：美国加利福尼亚州东南部

代表景观：会走路的石头

死谷真荒凉呀！

死谷是一条贯穿美国加利福尼亚州东南部的深沙漠槽沟，在地质构造上属于断层地沟，形成于300多万年前。第四纪冰期后，谷底曾有一个巨大的盐湖，经过几百万年火焰般的日晒，逐渐干涸而成荒漠。死谷环境恶劣，是北美洲地势最低、气候最干燥、最炎热的地区。这里过去是拓荒移民的一大障碍，被称为"可怕的死谷"。

在死谷干旱的沙地上，一场珍贵的降雪使约书亚树覆盖了一层白雪。

死谷的荒凉景象

"会走路的石头"

死谷中的自然奇观很多，最吸引人的地方就要数干盐湖上"会走路的石头"了。尽管这里年均降雨量很少，但是即使微量雨水也会形成潮湿的薄膜，使坚硬的黏土变滑。这时，只要吹来一阵强风，石头就以每秒1米的速度沿着湿滑的泥面滑动，好像在走路似的，让人感到神秘莫测。

干盐湖上会走路的石头

这些石头真的会走路啊！

死谷底部至今还留存着盐湖的痕迹。

谷底奇葩

如今展露在大自然中的死谷，只是一层层泥浆与岩盐层的堆积。由于沟底低陷，加上周围的屏障，这个本来就很干旱炎热的地区更成了阳光聚集地。尽管环境恶劣，死谷却绝非毫无生机。谷内生长着一种开白花的岩生稀有植物，它的茎叶上长满茸毛，能抵挡干燥的风，堪称是顽强的谷底奇葩。

死谷沙漠

大转弯

大转弯档案

位置：美国得克萨斯州西南

代表景观：大转弯、奇索斯山盆地

大转弯位于美国得克萨斯州西南，是由格朗德河切割南落基山脉而形成的一个几乎呈直角的峡谷，以独特的地貌著称于世。这里地形复杂，有沉积岩地形、火山地形和峡谷地形等。大转弯地区的海拔变化极大，从东边波奎拉斯峡谷的540米上升到2347.5米的奇索斯山脉主峰埃莫瑞峰，这使得峡谷中的生物极富多样性，因此有"自然海岸"的美称。

注意，这里的河水可是直角转弯的哦！

大转弯地区的植被

大转弯的创造者——格朗德河

硕大怪异的龙舌兰

大转弯地区的奇索斯山盆地形成于4000万年前的大规模火山爆发，曾经是印第安人的聚居之所，现在成了游客云集的地方。在大转弯中心地带的奇索斯山脉生长着许多奇异的生物。比如陡峭的山峰下就生长着一种硕大怪异的龙舌兰，高达数米，宛如巨人般挺立，吸引了来自世界各地的生物学家到这里进行科学研究。

奇索斯山脉特有的硕大龙舌兰

好大的龙舌兰啊，是不是被施了什么魔法？

大转弯与北美洲的地质演变

格朗德河从山崖下流过，河面仅宽50米，但水很深，河水呈绿色。由于受格朗德河冲刷，大转弯地区形成三个巨大峡谷：博基拉斯峡谷、马里斯卡尔峡谷和圣曼伦娜峡谷。从高处望去，峡谷气势雄伟，蔚为壮观。这些峡谷是1亿年前古中美洲岛与北美陆块撞击的结果，它们生动地展现了北美洲的地质演变过程。

蓝山山脉

蓝山山脉档案

位置：澳大利亚新南威尔士州

代表景观：三姐妹峰、温特沃思瀑布、吉诺兰岩洞

"三姐妹"看起来好亲密啊！

蓝山山脉是澳大利亚南部新南威尔士州一处著名的自然景观。这里生长着不少桉树，桉树分泌出的油滴经阳光折射而呈现蓝色，蓝山因此而得名。蓝山山脉的天然胜景有三姐妹峰、温特沃思瀑布、吉诺兰岩洞等。这里现已建立国家公园，2000年被联合国教科文组织列入《世界遗产名录》。

蓝山山脉中林木茂密，充满生机。

蓝山山脉中有三块巨石，形似三姐妹，被称为三姐妹峰。

气势磅礴的飞瀑

蓝山山脉中有一条著名的瀑布——温特沃思瀑布。它从一处悬崖上飞泻而下，落入300米深的谷底。从观瀑台上看过去，大瀑布好像晶莹的水晶珠帘，落在山石上，水珠四处飞溅，气势磅礴。回首西望，高原和山峰在云雾中时隐时现，景象奇特。

乐此不疲的冒险者

吉诺兰岩洞中的巨大钟乳石

光怪陆离的岩洞

蓝山山区的吉诺兰岩洞是经地下水流的亿万年冲刷、侵蚀而形成的，颇为雄伟绮丽。这里洞中有洞，著名的有王洞、河洞等。王洞中的钟乳石又长又尖，向下伸展，与石笋相接。河洞中的巨大钟乳石犹如"擎天一柱"，气势非凡；石笋巍峨，好像清真寺的尖塔，庄严肃穆。

库克山国家公园

—— 库克山国家公园档案 ——
位置：大洋洲新西兰南岛中西部
代表景观：库克山、普卡基湖、泰卡普湖

库克山脚下的牧场

库克山国家公园内三分之一的地区终年覆盖着积雪，以雪山奇景闻名于世。公园内最有名的山峰是库克山，它的海拔为3764米，是新西兰最高峰，有"新西兰屋脊"之称，它也是大洋洲第二高峰。库克山国家公园的自然景观作为新西兰最具代表性的景观，已被联合国教科文组织列入《世界遗产名录》。

落日下的库克山

千姿百态的冰川

在库克山国家公园里，聚集着雪山、冰川、河流、湖泊、山林等各种地貌，其中最让人惊奇万分的是它那千姿百态的冰川。在群山的谷地中，分布着许多条冰川。在冰川内部，由于冰体移动带动山体的碎石下滑，加上阳光的照射，使冰川表面形成了无数的裂缝和冰塔，造型千姿百态，耀眼夺目。

普卡基湖畔美景

群山掩映下的湖泊

开满鲜花的库克山好迷人啊！

在库克山东侧不远的地方，有两个宁静而美丽的湖泊：一个叫普卡基湖，另一个叫泰卡普湖。两座湖的四周是库克山及其周围的群峰。湖水源于冰川，水色呈碧蓝色，而又夹带乳白色，晶莹如玉，平洁如镜。洁白的雪峰倒映在蓝蓝的湖水中，显得鲜丽异常，成为库克山国家公园的绝佳美景。

五彩缤纷的库克山

第二章

MOST EXPLORE

最探索系列

美丽水世界

MEILI SHUISHIJIE

　　山水往往相伴相随。山固然巍峨雄壮，但如果没有水的环绕流转，就会显得单调孤独。水赋予了山灵气，也给了山生命。从壮丽的长江三峡，到气势恢弘的黄河壶口瀑布，从号称"南美地中海"的亚马孙河，到世界上规模最大的珊瑚礁群——大洋洲的大堡礁，每片水域都有着独一无二的魅力。翻开本章，跟我们一起去领略水世界的种种风情吧！

喀纳斯湖

喀纳斯湖档案

位置：中国新疆维吾尔自治区布尔津县北部
代表景观：卧龙湾、月亮湾

人间仙境——喀纳斯湖

喀纳斯湖形成于20多万年前。那时，古冰川运动形成了喀纳斯河。后来，喀纳斯河穿越该地山谷，逐渐形成现在的喀纳斯湖。喀纳斯湖是有名的变色湖，在不同的天气和不同的季节里，湖水呈现出绝美的景色：晴天是宝蓝色，阴天呈墨绿色；夏日微带乳白，冬日则像莹莹水晶。想要领略喀纳斯湖水的神奇秀美，你可以去卧龙湾和月亮湾。

卧龙湾

告诉你，"喀纳斯"在蒙古语中是"峡谷中的湖"的意思。

美不胜收的月亮湾

从卧龙湾沿喀纳斯湖北上约1000米，就会在峡谷中看到一弯月牙形的蓝色小湖，这就是月亮湾。美丽静谧的月亮湾是喀纳斯湖的标志性景点之一。月亮湾的颜色会随喀纳斯湖水的变化而变化。到了秋天，层林尽染的白桦林伴着蓝色的湖水，美丽得让人眩晕。月亮湾旁边的小岛形如脚印，传说是嫦娥奔月时留下的。

这个小岛就是嫦娥留下的脚印吗？

喀纳斯河水蜿蜒流淌。

月亮湾旁边的小岛，传说是嫦娥奔月时留下的。

风景如画的卧龙湾

喀纳斯湖的卧龙湾由一连串曲折的河湾组成，这里可谓风景如画。湖东西两岸草坪开阔，四周森林茂密、绿草如茵，可休息、赏景，也可泛舟湖中或在湖边垂钓。在湖的入水口有巨石挡在中间，激流冲击着巨石，水花飞溅；湖的泄水口有座木桥飞架东西，站在桥上向北看是一平如镜的卧龙湾，向南看是幽雅静谧的喀纳斯湖。

天山天池

天山天池档案

位置：中国新疆维吾尔自治区阜康市城南

代表景观：龙潭碧月

> 天池中的水原来是"雪海"汇聚的，怪不得这么纯净啊！

天山天池位于阜康市城南博格达峰的半山腰，古称"瑶池"。这里群山环抱一潭碧水，雄伟挺拔的雪峰倒映在池水中，湖光山色浑然一体。天池周围峰峦叠嶂，郁郁葱葱，林间花草丛生，美不胜收。天山天池被誉为天山第一胜景，以天池为中心的风景区已被联合国教科文组织列为"博格达人与生物圈保护区"。

博格达峰有"雪海"之称，是天池的主要水源。

瑶池仙境

天池风景区以天池为中心，融森林、草原、雪山等景观于一体，形成别具一格的特色风光，堪称瑶池仙境。天池四周群山环抱，湖水清澈碧透，湖滨绿草如茵。平静的湖面上游艇荡漾，四周雪峰环列，云杉参天。在百花盛开的草地上，毡房点点，炊烟袅袅。冬日雪天，你可以饱览天池的银装素裹，远眺白茫茫的博格达峰，别有一番情趣。

天池的湖光山色

银装素裹中的天池

天池览胜

　　天池主体的东西两侧还有两处小天池，也很有特色。东侧为东小天池，过去称为黑龙潭，传说是西王母沐浴梳洗的地方，也被称为"浴仙盆"。天池西侧为西小天池，相传为西王母洗脚的地方。每当皎洁的月光照在水面上，潭水与明月相映成趣，景色幽深而静谧，故又有"龙潭碧月"之称。

这里就是传说中西王母居住的仙境啊！

天山天池

青海湖

青海湖档案

位置：中国青海省东北部
代表景观：鸟岛、海心山

青海湖位于青海省的东北部，面积4500平方千米，是中国第一大内陆湖泊，也是中国最大的咸水湖。湖的四周被高山环抱，从山脚到湖畔，是广袤平坦的千里草原，而碧波连天的青海湖就像是一个巨大的翡翠玉盘嵌在高山、草原之间。湖中著名的景观有海心山、鸟岛等。自古以来，人们就把青海湖比喻为青藏高原上的一颗璀璨明珠。

青海湖畔

青海湖中的白色岛屿

鸟的天堂

在青海湖的西北处，有两座大小不一、形状各异的岛屿，一东一西，依傍在湖边。它们就是青海湖最吸引人的地方——鸟岛。鸟岛上栖息着不计其数的鸟，是一个真正的鸟的天堂。每年的5～7月是这里观赏鸟的最佳季节，海鸥、水老鸦、天鹅以及珍稀的黑颈鹤等鸟类，熙熙攘攘，飞来飞去，让人眼花缭乱。

冬季的青海湖，千里冰封。

青海湖的鸟岛

青海湖在藏语和蒙古语中是"青色的海"的意思。

"漂在海面上的浪花"

在湖心偏南处，有一座小岛，名叫海心山。海心山的山顶高出湖面约数十米，它的山体由花岗岩和片麻岩构成，略呈乳白色。在风和日丽的日子里，凭高远眺，只见海心山像漂在海面上的一朵浪花，十分美丽，让人顿生驾驶小船前去采撷的遐想。

壶口瀑布

壶口瀑布档案

位置：中国山西省吉县

代表景观："烟从水底生"、"未霁彩虹舞"

这瀑布真的很像水壶的壶口啊！

壶口瀑布位于中国山西省吉县境内西南的黄河中游，浑黄的河水在此倾注不绝，雄浑壮观。壶口瀑布的形状，就像一个沸腾的巨大水壶的壶口，因此得名为壶口瀑布。它声如雷鸣，气势壮观，以排山倒海的独特雄姿而闻名。壶口瀑布的景色壮丽，是黄河最壮观的一段，也是举世罕见的瀑布奇观。

壶口瀑布激流翻滚，一泻千里。

飞瀑的形成

壶口瀑布的形成是地质演变的结果。一两百万年前，在壶口下游的龙门一带，岩石因地壳运动发生断裂，形成断层，黄河流经断层，便出现了急流瀑布。由于河水长年累月对河床下切侵蚀，使瀑布落水的地点不断向上游后退，从而使瀑布的位置由龙门移到了壶口，形成了如今壮观的飞瀑景象。

"浓烟"和"彩虹"

壶口瀑布有许多奇特景观,其中一处叫"烟从水底生",那是瀑布汹涌奔腾之时激起的水雾,就好像从水底冒出滚滚浓烟,数十里外都可以看到。还有一个奇景叫"未霁彩虹舞"。当瀑布飞流直下时,升腾而起的水雾经阳光折射形成各种彩虹,从天际插入水中,如同长龙戏水;有时又横贯水中,好似彩桥卧波,美妙绝伦。

好美丽的彩虹啊!

彩虹通天

奔腾汹涌的飞瀑

壶口瀑布的岩石层

61

长江三峡

长江三峡档案

位置：中国重庆市与湖北省交界处

代表景观：瞿塘峡、巫峡、西陵峡

> 三峡的景色真的很壮美啊!

长江三峡是中国十大风景名胜之一。它是由瞿塘峡、巫峡、西陵峡组成的，全长192千米。因为长江水流不断冲刷和侵蚀河床，由可溶性石灰岩组成的河谷在水流的不断溶蚀和搬运作用下，就逐渐形成了这三个险峻、幽深的峡谷。长江三峡中瞿塘峡雄奇，巫峡秀美，西陵峡险峻。它们是长江风光的精华、神州山水中的瑰宝。

三峡山水风光无限。

雄奇的瞿塘峡

瞿塘峡全长8千米，是长江三峡中最短的一个峡，素以"雄奇"著称。入峡处绝壁相对，犹如两扇雄伟的大门，这就是著名的瞿塘关，又称为夔门。瞿塘峡湍急的江流、绵延不断的山峦，构成了一幅极为壮丽的画卷。

秀美的巫峡

从瞿塘峡经过一段山舒水缓的宽谷地带，便进入了巫峡。巫峡以幽深秀丽著称。整个峡区奇峰突兀，怪石嶙峋，是三峡中最具观赏性的一段。巫峡以十二峰最为著名，而十二峰中又以神女峰最惹眼：峰上挺秀的石柱，形似亭亭玉立的少女。

巍巍瞿塘峡

险峻的西陵峡

西陵峡的秀丽风光

西陵峡是长江三峡中的第三峡，是三峡中最长的峡。它素以险峻著称，其中的西陵四峡——兵书宝剑峡、牛肝马肺峡、黄牛峡和灯影峡，更是盛名远播。这里的滩也险中有奇，惊中见美，著名的有西陵三滩——青滩、泄滩和崆岭滩。

枫叶点缀下的神女峰

雅砻江

雅砻江档案

位置：中国四川省

代表景观：三种特色鲜明的地质构造

这里的水中有金子吗？

雅砻江发源于中国青海省巴颜喀拉山系尼彦纳克山与冬拉冈岭之间，上游被称为"岩石河"，当河水从甘孜州西北部的石渠县附近进入四川时，才被正式称为雅砻江。雅砻江是金沙江的最大支流，故有"小金沙江"之称。这里的江水落差大、水流急，且多峡谷礁滩。因江水里荡漾着一层金色的沙砾，故又被称为"金河"。

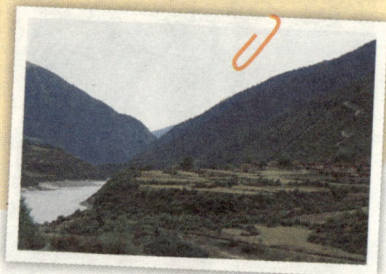

雅砻江

雅砻江峡谷的高坡

独特的地质构造

雅砻江流域有三种特色鲜明的地质构造，也是它最特殊的自然景观。第一种是上中游广大地区的甘孜阿坝褶皱带，分布着厚厚的浅变质岩层。第二种是下游干流及其以西地区的雅砻江褶皱断层带，这里裸露着古老的碳酸盐岩类、浅变质岩及玄武岩等。第三种是下游东部安宁河地区的花岗片麻岩及变质岩类，周围还有部分砂板岩等。

雅砻江上游的美丽风光

雅砻江中游

这里的雅砻江看起来很舒缓哦！

江水变奏曲

雅砻江穿流于青藏高原上，那倒映在水面上的山影与水底下嶙峋的怪石，显示了它舒缓与激越的双重性格。从雅砻江源头涌出数股清流，进入四川石渠大草原后，逐渐形成了江河的壮阔气势。而在雅砻江江心，时常从水底耸出一座座孤岛似的礁石和石盘，把宽阔平整的江面分割成许多湍急如瀑的细流。

三江并流

三江并流档案

位置：中国云南省西北部
代表景观："三江并流，四山并立"

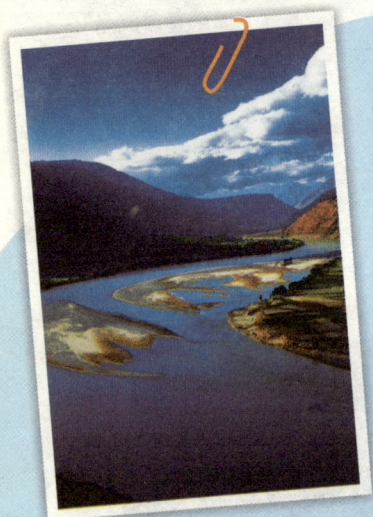

金沙江美景

三江是指金沙江、澜沧江和怒江。这三江在云南省境内自北向南并行奔流170多千米，形成举世闻名的"江水并流而不交汇"的奇特自然地理景观。在这一地区不仅有特殊的地质构造和丰富的生物资源，而且汇集了雪山峡谷、急涧险滩、湖泊森林、草甸冰川等各种美景。这里有近百处类型各异的自然景观，在全世界范围内也是十分罕见的。

金沙江蜿蜒流淌。

三江并流的奇景

金沙江、澜沧江和怒江从青藏高原并行而下，由北至南奔腾呼啸，穿过大小雪山、云岭、怒山和高黎贡山，形成了"三江并流，四山并立"的自然奇观。这一奇观的形成要归功于4000多万年前的喜马拉雅造山运动，其后又经过漫长的整合与重组等演变过程，才最终形成了"三江并流"的奇景。

奔腾的澜沧江

怒江大峡谷

怒江大峡谷好险峻啊！

气象万千的风光

三条大江各有特点，又相互呼应，形成了气象万千的绝美风光。金沙江是西藏和四川的界河，它在川藏之间的深山峡谷中一波三折，蔚为壮观。澜沧江是条国际河流，流入东南亚后被称为湄公河。澜沧江地区险滩、深谷、原始林区、平川、冰峰、沼泽遍布，多种景观并存。怒江的河谷与山巅落差极大，峡谷中险滩遍布，两岸山势险峻。

死海

死海档案

位置：以色列、巴勒斯坦与约旦之间

代表景观：奇形怪状的盐堆积物

死海里真的没有生物吗？

死海海拔在400米以下，是地球上海拔最低的水域，有"世界肚脐"之称。死海又是一个内陆盐湖，湖水含盐量极高，几乎没有生物存活，甚至连其沿岸的陆地也很少有生物，因此被称为"死海"。由于地势极低，使死海积聚了大量矿物质。死海里的泥有很高的医疗价值，所以每年到死海观光游览的世界各地游客络绎不绝。

死海成为世界著名的旅游胜地。

流水有进不出

死海没有水道和海洋连通，是个流水有进不出的湖。而死海一带气温又很高，夏季最高达51℃。这里干燥少雨，年均降雨量只有50毫米，而蒸发量则在140毫米左右。由于蒸发量远远大于输入的水量，造成盐的浓度也越来越高，沉淀在湖底的矿物质也越来越多。于是，经年累月，世界上最著名的内陆咸水湖——死海便形成了。

人们可以躺在死海的水面上读报。

奇形怪状的盐堆积物

死海不"死"

听说，不会游泳的人到了死海中也不会被淹死。

　　动植物在死海中是不能生存的，涨潮时从约旦河或其他小河中游来的鱼一进入湖中就会立即死亡。即使是岸边的植物，也主要是适应盐碱地的盐生植物。可是，不会游泳的人在死海中却不会淹死。这是因为死海的含盐量很大（高达25%～35%），这导致水的密度变大，产生的浮力远远大于人体的重力，所以人在死海中才不会下沉。

世界肚脐——死海

下龙湾

下龙湾档案

位置：越南河内东部
代表景观：斗鸡石、变化多端的岩洞

> 哈，这两块石头真像一对斗鸡啊！

下龙湾是越南河内东部的海湾，"下龙"在越南语中就是"蜿蜒入海的龙"的意思。下龙湾水质清澈，岛屿奇特，以景色瑰丽、秀美而著称。水中的小山和岛屿，千奇百怪：筷子山像一根粗大的筷子直插海里；香鼎山像一个大鼎浮在海面；斗鸡石则是两块对峙的巨石，像一对争斗的雄鸡；马鞍岛则像一匹灰色的骏马，踏着海浪向前飞奔。

斗鸡石

"海上桂林"

下龙湾属于喀斯特地貌，是由露出海面的可溶性岩石在海水的侵蚀和海浪的冲击下，日积月累形成的独特的海上景观。清澈的海水、美丽的岛屿风光和奇异的岩洞——这些景色交相辉映，姿态万千。构成了下龙湾秀美的生态景观。由于下龙湾的景色很像中国的桂林山水，所以又被称为"海上桂林"。

"海上桂林"——下龙湾

在下龙湾泛舟，好像
在画中游览一样。

变化万千的岩洞

下龙湾还有许多变化多端的岩
洞，这些岩洞按成因可分为天然溶洞
和海蚀洞两种。洞内钟乳石组成各种
景物，千姿百态，琳琅满目，令人

下龙湾人民的日常生活

看了惊奇不已。在湾内木头岛的崖壁半腰上，有被称为"岩洞奇
观"的木头洞，十分宽阔，可容纳三四千人。木头洞石笋丛生，
还有四眼圆形石井，终年积满清澈的淡水。

普林塞萨地下河国家公园

普林塞萨地下河国家公园档案

位置：菲律宾巴拉望省

代表景观：喀斯特岩溶地貌、圣保罗洞

> 这条河流好宽阔啊！

普林塞萨地下河国家公园位于菲律宾巴拉望省北岸圣保罗山区，占地面积200多平方千米，它的海拔最低点与海平面平齐，制高点位于公园内的圣保罗山上。壮观的喀斯特地貌和地下河流是普林塞萨地下河国家公园最大的特色。该公园因景观奇特于1999年被联合国教科文组织列入《世界遗产名录》。

普林塞萨地下河国家公园

多姿多彩的喀斯特地貌

公园内地形多种多样，有广袤的平原、起伏的丘陵，也有高峻的山峰。其中最著名的是圣保罗山区的喀斯特岩溶地貌景观。公园内90%的地貌都是由圣保罗山周围尖锐的喀斯特石灰岩山脊组成的。而圣保罗山本身由一系列浑圆的石灰岩山峰组成，这些山峰沿着巴拉望岛的西海岸，呈南北走向连成一片，好似超大型阅兵方阵，显得十分壮观。

公园中的喀斯特岩溶地貌

普林塞萨的山峦与湖泊

普林塞萨地下河的奇特面貌引人入胜。

穿梭溶洞的地下河

公园内的主要景观是位于圣保罗山区的"圣保罗洞"，它其实是一条8000多米长的地下河。"圣保罗洞"穿过几个大型溶洞，这里钟乳石和石笋林立，景观非常奇特。地下河在圣保罗山以西大约2000米的地方流出地面，随后又直接流入大海，河流在下游会受到潮汐的影响，就形成了时起时落的壮观场面。

图巴塔哈群礁海洋公园

图巴塔哈群礁海洋公园档案

位置：菲律宾巴拉望岛附近

代表景观：鸟岛（北部礁盘）

北部礁盘是鸟类和海龟的主要栖息地。

图巴塔哈群礁是呈环状的珊瑚岛礁，是菲律宾生物物种最多的珊瑚礁。这些珊瑚岛礁同时受西南和东北季风的影响。每年季风到来时，这里巨浪拍岸，波涛汹涌，景色十分壮观。这里有优越的自然条件，孕育了丰富的海洋生物，也是观赏鱼、鸟和大海龟生活的天然乐园。该公园已被联合国教科文组织作为世界自然遗产列入《世界遗产名录》。

夕阳映照下的图巴塔哈群礁海面

图巴塔哈群礁海域可是鱼类的乐园呀！

游弋在图巴塔哈群礁海域的白顶鲨

奇特的珊瑚礁

图巴塔哈群礁包括一个珊瑚礁、珊瑚丛生的广阔礁湖，以及南北两个大珊瑚礁盘。北部礁盘呈椭圆形，退潮时部分露出海面，形成一个高出海面1米左右的小岛，因常有鸟群聚集而被称为"鸟岛"。南部礁盘呈较小的三角状。这个礁盘上的植物种类稀少，仅有榄仁树、银合欢属树木和椰子树。

公园内栖息的海龟

这里的动物真多啊！

鱼鸟成群的海域

公园里的鱼数不胜数，有记载的鱼类就有至少40个种属约379种，还有黑顶鲨、白顶鲨这类珍稀海洋动物。而醒目的蓝色长吻双盾尾鱼，闪着略带红色银光的笛鲷鱼群，也是这里的常客。公园中的鸟也非常多，有记载的达46种。北部礁盘就生活着普通燕鸥、乌黑色燕鸥和有顶饰燕鸥等鸟类。这里还生活着海蛇、玳瑁龟、绿海龟等其他动物。1992年，人们又把这里的鱼类和大型无脊椎动物记录在案，以便更好地保护。

巴芬湾与巴芬岛

巴芬湾与巴芬岛档案

位置：北大西洋西部

代表景观："北方水道"

巴芬湾和巴芬岛以极地风光闻名。巴芬岛属于加拿大，大部分位于北极圈内。岛上以山地和高原为主，海岸线断断续续，很不连贯。这里人烟稀少，只有少部分爱斯基摩人居住。巴芬湾位于北大西洋西部格陵兰岛与巴芬岛之间，由于水面不封冻，故成为通往北极的水路通道。因此，巴芬湾就成为北极探险队的必经之处。

好陡峭的岩壁啊！

巴芬湾一侧的峭壁

"北方水道" 巴芬湾

巴芬湾气候寒冷，海湾中央覆盖着厚厚的冰层，但是海湾北部由于受西格陵兰暖流的影响，从不封冻，形成了著名的"北方水道"。由于海潮不断地搅动，上层海水增加了营养盐，下层海水则增加了溶解于水中的氧。盐分的增加和暖流的增温，使得该水域海洋生物极为密集。

"北方水道" 巴芬湾

巴芬岛的东部海岸遍布着各种地质成因不同的石头。

巴芬岛上的北极狐

北极圈内的巴芬岛

巴芬岛有三分之二的区域位于北极圈内，岛上山峰顶部的冰雪终年不化。整个岛屿的地质构造是加拿大地质板块的延续，地形以花岗岩、片麻岩构成的山地高原为主。山脊纵贯岛的东部，上面覆盖着冰川。中西部福克斯湾沿岸为低地，海岸线曲折。这里的植被为极地苔原。岛上人烟稀少，只在沿岸局部地区有少部分因纽特人居住。

巴芬岛好荒凉呀！

冰岛间歇泉

冰岛间歇泉档案

位置：冰岛首都雷克雅未克周围
代表景观：盖锡尔间歇泉和斯特罗柯间歇泉

间歇泉一般出现在岩浆接近地面处，时喷时止。喷发时会冒出灼热的泉水，热气弥漫，如烟似雾，形成梦幻般的美景。冰岛首都雷克雅未克周围的平原是一个大喷泉区，约有50个这样的间歇泉。1294年，一场地震摧毁了这里好几个间歇泉，但新的间歇泉又应运而生。冰岛间歇泉同这里的冰川与火山一样极负盛名，堪称世界一大自然奇观。

看，热气弥漫的地方就是间歇泉。

间歇泉附近有许多温泉可供洗浴。

地热与冰雪的奇妙组合

🏔 "地球的热泪"

间歇泉是地球内部水与热量的释放，被称为"地球的热泪"。这些"热泪"是怎么"流"出来的呢？原来，地下炽热的岩浆会把地下泉水烤热，继而变成蒸汽。当蒸汽的压力逐渐积聚到一定程度，热水和蒸汽流便从地面喷射而出。蒸汽排出后，温度和压力降低，喷发也就停止了。不久，温度又升高，水会再次喷发，间歇泉就是这样形成的。

盖锡尔间歇泉

斯特罗柯间歇泉

壮美的间歇喷射

在冰岛间歇泉中，最壮美的喷射景点要数盖锡尔间歇泉和斯特罗柯间歇泉了。盖锡尔间歇泉是一个直径约18米的圆池，喷发的水柱高达七八十米，喷发过程持续约5～10分钟，景象十分壮观。斯特罗柯间歇泉比盖锡尔间歇泉小，每次喷发持续4～10分钟。每当喷射时，一股沸水柱猛地冲向22米以上的空中，蒸汽弥漫，嘶嘶作响，十分壮观。

> 间歇泉喷射形成的水柱有几十米高呢！

尼亚加拉瀑布

尼亚加拉瀑布档案

位置：美国与加拿大边界
代表景观："婚纱瀑布"、"马蹄瀑布"

> 哇，好浓的瀑布水雾啊！

　　尼亚加拉瀑布是由尼亚加拉河形成的。当水量丰富的尼亚加拉河流经北美伊利湖和安大略湖之间的断崖时，水位产生巨大落差，形成了这一雄伟异常的瀑布奇观。更奇妙的是，瀑布经过河床绝壁上的山羊岛时，被分隔成两部分，分别流入加拿大和美国，形成大小两个瀑布。它们以雄浑的气势构成一幅壮丽的立体画卷，是世界上最雄伟壮观的瀑布之一。

俯视尼亚加拉瀑布

美国的"婚纱瀑布"

在美国境内的小瀑布，被称为"美国瀑布"。由于湖底是凹凸不平的岩石，因此水流呈旋涡状落下。小瀑布的外形极为宽广细致，很像新娘铺开的婚纱，故又称为"婚纱瀑布"。当阳光灿烂时，瀑布中会出现一条美丽的七色彩虹，整个瀑布就显得更加浪漫多情了。

美丽的彩虹横跨尼亚加拉瀑布。

参观尼亚加拉瀑布最好的时间是每年7～9月，因为这时它的水量最大。

"马蹄瀑布"的巨大水流以万马奔腾之势直泻河谷。

加拿大的"马蹄瀑布"

大瀑布在加拿大境内，称为"加拿大瀑布"，因形状如马蹄，又叫"马蹄瀑布"。马蹄瀑布水量极大，水从50多米的高处垂直落下，气势有如雷霆万钧。溅起的浪花和水汽有时高达100多米，人稍微站得近些，便会被浪花溅得全身是水。冬天瀑布会结冰冻住，只有这时，喧闹的瀑布才会寂静下来。

"马蹄瀑布"的形状真的很像马蹄啊！

尼罗河

尼罗河档案

位置：非洲大陆东北部
代表景观：三角洲平原

尼罗河是世界上唯一一条自南向北流淌的大河，它通常是指以苏丹首都喀土穆北部的第六瀑布为起点，到该河入海口之间的部分。再往第六瀑布的上游，是大河神秘的源头——白尼罗河与青尼罗河。在喀土穆的正中心，喧闹的青尼罗河与恬静的白尼罗河合二为一，成为完整的尼罗河。尼罗河纵贯埃及全境，在埃及首都开罗以北冲积出巨大的三角洲平原。

尼罗河哺育了埃及的古老文明。

世界最长的河

尼罗河纵贯非洲大陆东北部，流域面积约335万平方千米，占非洲大陆面积的九分之一。尼罗河全长6650多千米，年平均流量每秒3100立方米，是世界最长的河流。长久以来，尼罗河河谷一直有着棉田连绵、稻花飘香的繁荣景象。而在撒哈拉沙漠和阿拉伯沙漠的左右夹峙中，蜿蜒流淌的尼罗河犹如一条绿色的走廊，充满着无限的生机。

尼罗河上悠闲的帆船

风光旖旎的尼罗河畔

平静的尼罗河水

埃及的"母亲河"

　　埃及自古就有"尼罗河就是埃及的母亲"的说法。每年夏天是尼罗河河水泛滥的季节。沿河两岸的埃及人民对此既喜又忧：喜的是尼罗河给他们带来了生机——河水泛滥带来了肥沃的有机物；忧的是每次泛滥都会淹没两岸的农田，给他们造成灾难。不过，早在四五千年前，古埃及人就掌握了洪水的规律，适时耕种土地了。

尼罗河边的埃及神庙

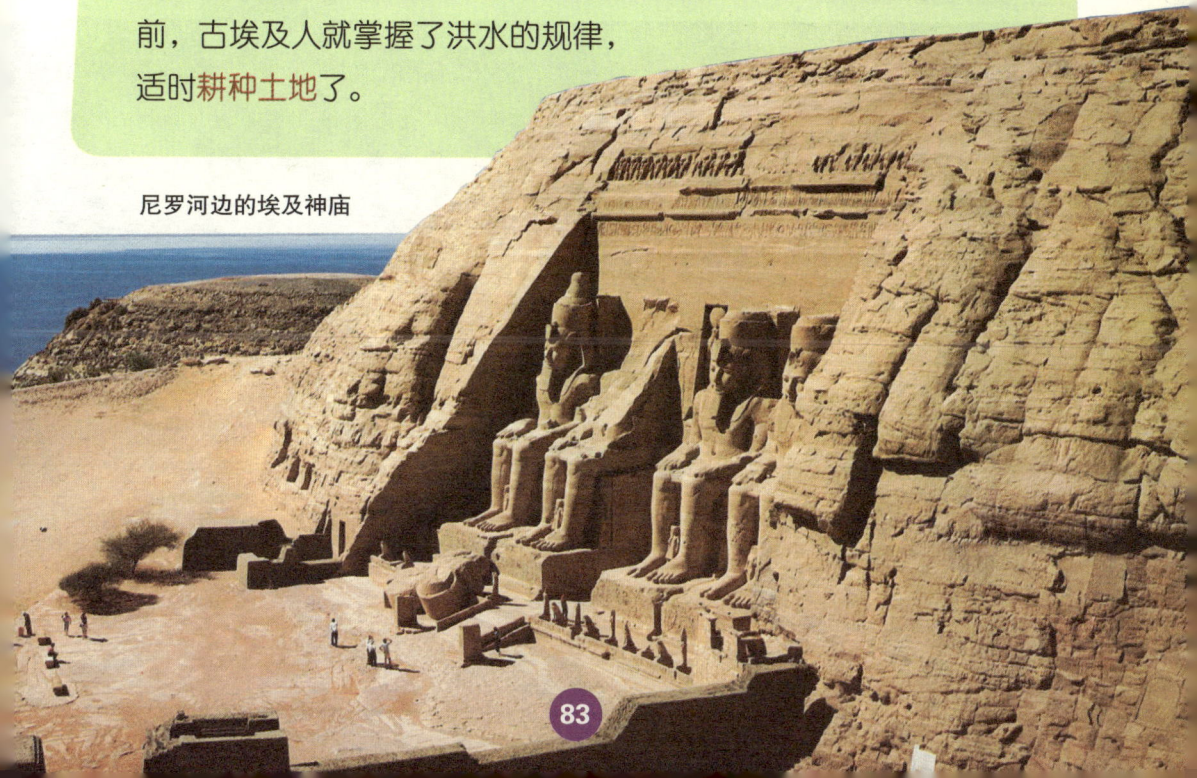

维多利亚瀑布

维多利亚瀑布档案

位置：赞比亚与津巴布韦边界

代表景观：主瀑布、魔鬼瀑布、马蹄瀑布

维多利亚瀑布位于非洲南部赞比西河中游的巴托卡峡谷区，地跨赞比亚和津巴布韦两国。当地人叫它"莫西奥图尼亚"，意思是"雷霆翻滚的雨幕"。宽阔的赞比西河从高处跌落进峡谷，形成落差达106米、宽约1800米、高达500米的壮观瀑布。维多利亚瀑布以其险峻的地形、周边丰富的自然环境，在1989年被列入《世界遗产名录》。

"魔鬼瀑布"，听这名字怪吓人的吧！

气势宏大的维多利亚瀑布

50多万年的历史浓缩

瀑布的形成经过了一个漫长的历史过程。约在50多万年前，**赞比西河流经赞比亚中部高原**，河水流入高原上的裂缝。随后，河水不断涌入，直至在较低的边缘处找到溢出口，注进一个峡谷，形成第一道瀑布。此后，**河水不断地侵蚀、斜切断层**，遇到另一条裂缝后不断冲刷，在瀑布下游形成七道峡谷，形成现在的瀑布群。

在未见到瀑布前的远方，人们就能听到水的轰鸣声。

魔鬼瀑布的洪流

维多利亚瀑布的
美丽彩虹

绚丽多姿的大瀑布

维多利亚瀑布实际上分为五段，从西往东依次是**魔鬼瀑布、主瀑布、马蹄瀑布、彩虹瀑布和东瀑布**。魔鬼瀑布以排山倒海之势，直落深谷，轰鸣声震耳欲聋。主瀑布流量最大，高约93米。主瀑布东侧是马蹄瀑布，它因状如马蹄而得名。**彩虹瀑布位于维多利亚大瀑布最高处**，附近经常会出现绚丽的彩虹。东瀑布只有在雨季时才出现千万条素练。

亚马孙河

亚马孙河档案

位置：南美洲中北部

代表景观：入海口处形成壮观的涌潮

亚马孙河流域的巴西坚果树和棕榈树

> 亚马孙河好像一条巨蛇啊！

亚马孙河发源于秘鲁境内的安第斯山脉，横贯南美洲东西。冰川融水从高山上涓涓流下，水量逐渐增大，汹涌奔流，在安第斯山脉东麓冲刷出气势磅礴的峡谷，待穿越了辽阔的南美洲大陆以后，在巴西马拉若岛附近注入大西洋，在入海口处形成了世界自然奇观——涌潮，大潮涌进河道时，常形成5米高墙壁一样的巨浪，场景极为壮观。

蜿蜒蛇行的亚马孙河

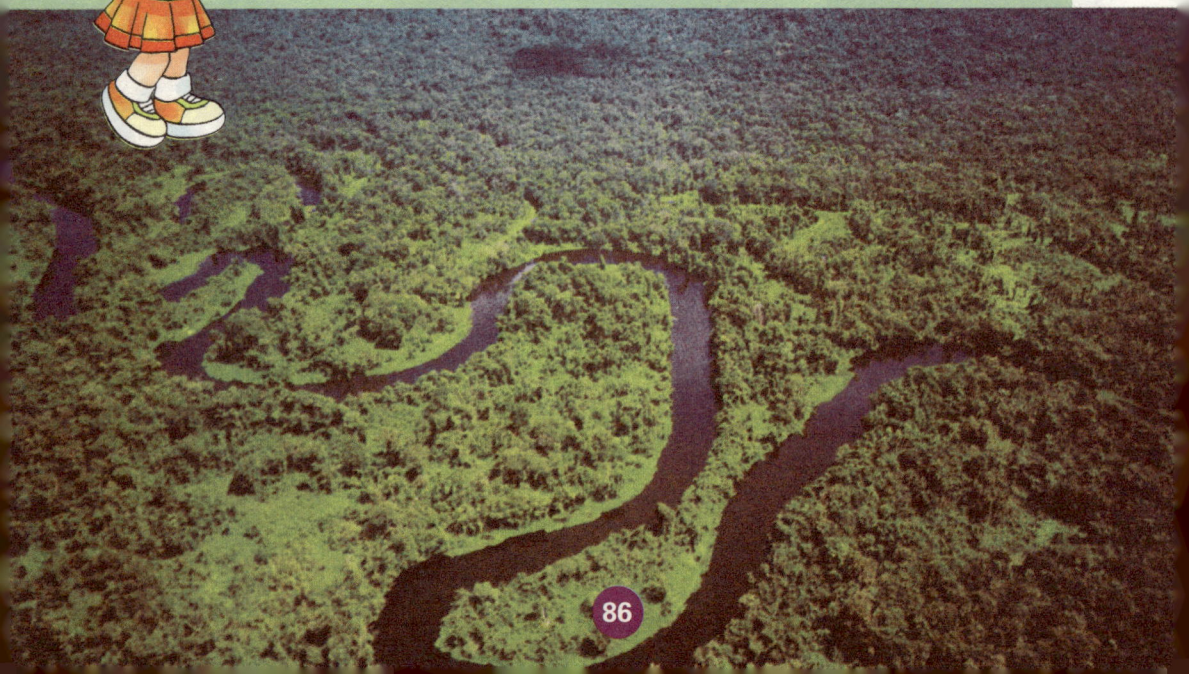

亚马孙河河道

亚马孙河
中的枯树

"河流之王"

在世界河流中，亚马孙河号称"河流之王"。它是世界上流量最大的河流，流经南美洲的9个国家和地区，滋润着700多万平方千米的广阔土地。亚马孙河还有一个特点是黑白分明。它的干流由于携带了大量的泥沙，显得有些浑浊，被称为"白水河"。而一些支流流经沼泽后携带了大量的腐殖质，水色较深，被称为"黑水河"。

雨林中的生物圈

亚马孙河流域地处赤道附近，炎热潮湿，雨量充沛，因此成为一座巨大的天然热带植物园。在万绿丛中，巴西坚果树、乳木等高达70～80米，极为显眼。这里的动物种类也很丰富。茫茫林海，成了美洲豹、松鼠猴、小食蚁兽等动物的栖息之所。丛林周围的河流，是淡水鱼类的乐园，生活着凶猛的食人鱼、能放电的电鳗和电鲶等奇特鱼类。

亚马孙河流域的松鼠猴

伊瓜苏国家公园

伊瓜苏国家公园档案

位置：阿根廷与巴西交界处
代表景观："鬼喉瀑"瀑布群

伊瓜苏国家公园跨越阿根廷和巴西国界，以伊瓜苏瀑布而闻名。伊瓜苏瀑布是世界上最壮观的瀑布之一。瀑布环沿着一个马蹄形峡谷倾泻而下，激起的水雾弥漫在密林上空，巨大的水流声几千米外都能听见。这使得伊瓜苏瀑布被誉为"南美第一奇观"，伊瓜苏国家公园也被联合国教科文组织列入《世界遗产名录》。

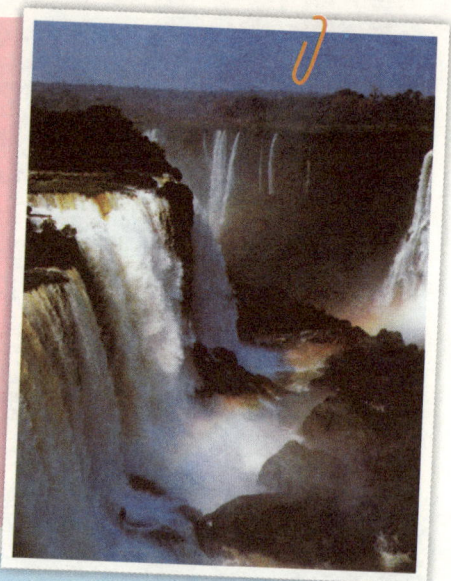

半环行的伊瓜苏瀑布群

> 站在瀑布边，我仿佛听到了隆隆的水声。

"巨大的水"——伊瓜苏瀑布

伊瓜苏瀑布的名称来自印第安语，意思是"巨大的水"。瀑布位于伊瓜苏河与巴拉那河的交汇处。由于巴西的巴拉那河谷内的岩层是南北走向的玄武岩，但伊瓜苏河及其河床岩层的走向正好与巴拉那河谷垂直，其河水的冲刷与侵蚀作用远比巴拉那河弱。因而，凸出的岩石将奔腾而下的河水切割成大大小小270多个瀑布，组合成景象壮观的南、北、中三大瀑布群。

伊瓜苏瀑布全貌

声势浩大的三大瀑布群

三大瀑布群中，居中的"鬼喉瀑"是最高、最壮观的瀑布群。该瀑布群在泻入深渊时发出的轰鸣声震耳欲聋，令人惊恐，故得此怪名。伊瓜苏瀑布北侧的瀑布群在巴西境内，是由两层平台组成的大小瀑布。南侧的瀑布群则在阿根廷境内，是两组双层的瀑布群。汛期时，三大瀑布群连成一道天幕，水流倾泻而下，声势浩大，状如万马奔腾。

伊瓜苏瀑布真有万马奔腾的气魄啊！

伊瓜苏瀑布的壮美景色

瓦尔德斯半岛

瓦尔德斯半岛档案

位置：阿根廷东部

代表景观："巨鲸齐聚"的奇观

瓦尔德斯半岛的形状很像个锤子啊！

瓦尔德斯半岛位于阿根廷巴塔哥尼亚地区丘布特省东北部，濒临大西洋，由一系列的海湾、悬崖、海岸以及岛屿组成。瓦尔德斯半岛如锤子般伸到大西洋中，成为海洋野生动物和海鸟的天然庇护所。瓦尔德斯半岛拥有丰富的鸟类和海洋生物资源，已被联合国教科文组织列入《世界遗产名录》。

瓦尔德斯半岛

🏞️ 鸟兽避难所

瓦尔德斯半岛是大量哺乳动物和海鸟的避难所。每年的8月末到10月初是海豹交配繁殖的季节，瓦尔德斯半岛便成了阿根廷北部地区的海豹繁育基地。同时，这里也是海狮的重要栖息地。瓦尔德斯半岛内的鸟的种类也很多：企鹅是岛内最大的动物家族，其次是海鸥，其他主要鸟类有鸬鹚、大白鹭等。

瓦尔德斯半岛是海狮的重要栖息地。

企鹅是瓦尔德斯半岛上最大的动物家族。

抹香鲸

🐋 鲸的世界

每年6～7月，瓦尔德斯半岛海域聚集了大量的浮游生物、海藻、贝类和鱼类，为鲸鱼提供了良好的食源，这里也就形成了"巨鲸齐聚"的奇观。到这里来的鲸类主要是抹香鲸。你会看到成群结队的抹香鲸掠过湛蓝的海面，有的头顶喷出两道水柱，犹如"V"字形；有的还突然腾空而起，跃出水面。另外，这里还会出现逆戟鲸、露脊鲸等鲸类。

瓦尔德斯半岛真是动物的天堂啊！

大堡礁

位置：澳大利亚昆士兰州以东
代表景观：壮观的礁岛风光

大堡礁是一系列珊瑚岛礁的总称，位于澳大利亚的昆士兰州以东，南回归线与巴布亚湾之间的热带海域。这里的大部分礁体都没入水中，低潮时略微露出礁顶。从上空俯瞰，礁岛如一颗颗碧绿的翡翠，熠熠生辉。若隐若现的礁顶如艳丽的花朵，在海面上绽放。作为世界上规模最大、景色最美的珊瑚礁群，大堡礁已被列入《世界遗产名录》。

俯视大堡礁

大堡礁海底的美丽珊瑚

好壮观的大堡礁啊！

世界最大的珊瑚礁群

大堡礁是世界上规模最大的珊瑚礁群，拥有400多个珊瑚礁群，超过2000千米长。大堡礁形成于约3000多万年前的中新世时期，是由无数珊瑚虫的骨骼堆积而成的。令人惊奇的是，如今大堡礁竟有300多个礁群是由活珊瑚组成的。至今，整个礁群的面积还在不断扩大。

美轮美奂的礁岛风光

大堡礁拥有众多的礁岛。这些礁岛上充满热带风光，艳丽明媚，其中以海伦岛、格林岛和赫伦岛最为著名。这些礁岛露出海面几米到几百米不等：有的礁岛半隐半现，形态奇异，意境美妙；有的礁岛隐没在海中，千奇百怪，五颜六色。这里的海水没有污染，所以清澈见底。五彩缤纷的鱼儿在珊瑚丛中穿梭畅游，充满了浪漫色彩。在一些岛屿的水下观察室中，你还可以观赏到数百种鱼类和各种珍稀的海洋生物。

大堡礁海底的庞大鱼群

珊瑚礁岛是由许许多多的珊瑚虫形成的。

露出水面的珊瑚礁岛

峡湾国家公园

峡湾国家公园档案

位置：新西兰南岛西南部

代表景观：米佛峡湾、马纳波里湖、特阿瑙湖

> 这就是新西兰最大的国家公园。

峡湾国家公园是新西兰最大的国家公园，位于南岛的西南角，濒临塔斯曼海。公园内多峡湾，海岸呈锯齿形，拥有峡湾、岩石海岸、峭壁、湖泊、瀑布和森林等各种错综复杂的地貌。冰雪覆盖的山峦，壮观的峡湾和冰川，壮阔的大瀑布，无一不使人赞叹。目前，该公园已被联合国教科文组织作为自然遗产列入《世界遗产名录》。

峡湾国家公园的美丽风光

米佛峡湾挺拔的山峰

峡湾国家公园已成为世界著名的旅游胜地。

🗻 罕见的断崖瀑布

米佛峡湾是公园中最重要的景点，以罕见的断崖和瀑布闻名。两百万年前，这里的山壁被巨大的冰川侵蚀达1000米以上，让山的两侧形成了罕见的深邃悬崖。冰川和海洋的互动又造就了峡湾和瀑布。米佛峡湾附近的萨瑟兰瀑布是世界上最高的瀑布之一，其落差为580米，景色颇为壮观。

🗻 "长相"奇特的湖

澄澈的特阿瑙湖映照出雪峰的秀色。

公园内有两个"长相"奇特的湖——马纳波里湖和特阿瑙湖。马纳波里湖的形状如同驰骋的骏马，湖周围群山环绕，碧波荡漾，因此有"新西兰最美的湖"之称。它也是南岛最深的湖。特阿瑙湖湖体狭长，西部三个狭长湖峡直插山间，好像一只正在低头吃草的长颈鹿。它是南岛最大的湖。

在峡湾公园的湖上乘船游览一定很棒吧！

第三章

MOST EXPLORE

最探索
系列

冰川与火山

BINGCHUAN YU HUOSHAN

　　地球在不断演变的过程中，形成了千姿百态、风格迥异的山川。在这些美丽的山川中，火山与冰川可以算作另类的山和特殊的水了。俗话说"冰火不相容"，神奇的地球却用冰川和火山的共生为这一说法提供了反例。冰川和火山用和谐的音律述说着大自然的美妙，它们仿佛生来就是要证明大自然无所不能的造化与神奇。

堪察加火山群

堪察加火山群档案

位置：俄罗斯堪察加半岛

代表景观：恐怖的巨人泉、神秘的死亡谷

看，火山又要喷发了！

堪察加火山群位于俄罗斯远东地区的堪察加半岛，这里是世界上火山活动最活跃的地方之一。半岛上的300多座火山中有29座活动十分频繁。这里不但有火山奇景，还有喷泉、死亡谷和海潮等奇观。在半岛西北部品仁纳湾内的海潮是又一大奇观，海潮常高达13米左右。目前，堪察加半岛火山群已被列入《世界遗产名录》。

浓烟滚滚的火山

恐怖的巨人泉

半岛上的冷喷泉和热喷泉都很多，仅热喷泉就有85处。这里还有罕见的间歇泉，而以巨人泉最为壮观。它喷发的时间虽不长，但很强烈，喷发时先是泉水注满出口，随后开始沸腾，最后巨大的水柱突然腾空而起，霎时间，泉水喷涌，地下隆隆作响，水雾弥漫，其景象惊心动魄。

堪察加火山群中的留契夫卡雅火山

火山喷发形成的小火山口湖

神秘的死亡谷

死亡谷坐落在基赫皮内奇火山山麓、热喷泉河上游。这里的西山坡上草木茂盛，东边却是光秃秃的一片。不管是壮硕的棕熊，还是机警的田鼠，只要进入谷中，都有可能暴亡，所以这里被称为死亡谷。

有人认为，产生这种神秘死亡现象的原因，是积聚在凹陷深坑中的有毒气体硫化氢在作怪。不过，到底是什么原因，尚无定论。

棕熊，你可千万别到死亡谷去呀！

堪察加地区的棕熊

海螺沟

海螺沟秋色

真是美妙的奇景啊！

　　海螺沟位于中国四川省甘孜藏族自治州泸定县境内，是发源于贡嘎山主峰东坡的一条冰融河谷。其地势起伏明显，大渡河咆哮奔流，两侧悬崖壁立。海螺沟以其独有的低海拔现代冰川、温泉、原始森林而闻名于世。在这里，呈垂直分布的植被与冰川、温泉、冰瀑共生，形成举世罕见的奇观。

美丽的海螺沟就在起伏连绵的贡嘎山脚下。

年轻的冰川

海螺沟的冰川非常年轻，大约生成于1600年前，地质学上称之为现代冰川。这里有独特的地理形态和植物分布，沟内遍布冰面河、冰面湖、冰下河、冰川城门洞、冰裂隙、冰阶梯、冰石蘑菇、冰川弧拱以及巨大的冰川漂砾等，峡谷两侧的绝壁留有高逾数百米的冰川擦痕。冰川附近还密布着黛绿色的原始森林等，形成举世罕见的独特景观。

冰川地貌

冰石蘑菇

海螺沟胜景

> 海螺沟的冰雪好壮观啊！

冰瀑奇观

海螺沟大冰瀑位于海螺沟冰川的上部，海拔1080米，宽1100米，是中国境内最高、最大、最壮观的冰瀑布。它仿佛是从蓝天直泻而下的一道银河，又像是顶天立地的巨大银色屏风屹立在冰川上。当发生冰崩时，瀑布冰体间剧烈的撞击和摩擦会产生放电现象。一时间蓝光闪烁，山谷轰鸣，千万冰块滑落、飞溅，扬起漫天雪雾，堪称一大自然奇观。

腾冲火山群

位置：中国云南省腾冲县

代表景观：有"小富士山"之称的打鹰山

远眺腾冲火山群

腾冲火山群位于中国云南省横断山系南段，高黎贡山的西侧。这里的火山以造型奇特而闻名全国。比如大、小空山及黑空山就很奇特，它们排列均匀，像三座完美的锥状火山模型展现在人们面前。离这里稍远的铁锅山，则像两口大铁锅架在一座山上。这些美丽奇特的火山构成了腾冲火山群千变万化的自然景观。

这里就是闻名全国的"火山地质博物馆"啊！

中国火山群之冠

中国云南省腾冲县境内有90多座火山，它们均沿南北方向一字排开。腾冲火山分布面积广、规模宏大，各种火山类型齐全、保存完整，位居中国火山群之冠。丰富的地质资源使腾冲火山群成为一座著名的"火山地质博物馆"，享誉世界。在腾冲火山群中，打鹰山最为特别，它的外形与日本富士山极为相似，被称为"小富士山"。

臼状火山的火山口常积水成湖。

腾冲火山口

造型奇特的火山

腾冲的火山造型奇特，按其形态特征可分为四种。一是**锥状火山**，形状呈截顶圆锥体，上面的火山口保存完整。二是**钟状火山**，火山喷口周围形成有山坡较缓、顶部浑圆的钟状山丘。三是**臼状火山**，锥体较为平缓，火山口呈臼状，往往积水成湖，形成秀美的景色。四是**盾状火山**，顶部较为平缓，火山口呈浅碟状，锥体底部多呈椭圆形或圆形。

这座火山好像一个大圆锥！

锥状火山

菲律宾火山群

菲律宾火山群档案

位置：太平洋上的菲律宾群岛

代表景观：马荣火山、皮纳图博火山

阿波火山上的茂密植被

菲律宾群岛常被人们形容为**"一半是海水，一半是火焰"**。这"一半火焰"指的就是分布在岛上的大大小小的近40座火山，其中18座是活火山，著名的有阿波火山、马荣火山和皮纳图博火山。菲律宾群岛火山爆发频繁，有些火山的爆发甚至影响到了全世界。另外，阿波火山南坡的土达亚瀑布和火山和谐并存，也颇具传奇色彩。

阿波火山是菲律宾的最高峰。

"最完美的火山锥"

马荣火山是菲律宾火山群中最大的活火山，被人们誉为"世界上最完美的火山锥"。山体呈圆锥形，顶端被熔岩覆盖成灰白色，从山顶直到山脚下都留有火山喷发时的遗痕。马荣火山至今仍时常冒烟。白天，火山口不断喷出白色烟雾，凝结成云层，遮住山头。入夜，烟雾呈现暗红色，整个火山就像个巨大的三角形蜡烛。

阿波火山周围分布着茂密的森林。

爆炸式的大喷发

菲律宾吕宋岛上的火山

20世纪火山喷发中规模和威力最大的一次，就是菲律宾火山群中皮纳图博火山的一次爆炸式大喷发。皮纳图博火山位于菲律宾吕宋岛，海拔1436米。1991年6月9日，皮纳图博火山突然猛烈喷发。火山喷出的灰、沙、石、蒸汽直冲云霄。四处飞扬的火山灰甚至还落到印度尼西亚、马来西亚、新加坡、中国的海南省和福建省等地。

拉普兰地区

拉普兰地区档案

位置：斯堪的纳维亚半岛北部

代表景观：伊纳里湖、绚丽的极光

> 跟我一起到北极圈的冰天雪地去逛逛吧！

拉普兰地区位于斯堪的纳维亚半岛北部的北极圈内，地跨瑞典、芬兰等国。这里有巍峨的山峦和湍急的河流，有星罗棋布的湖泊和一望无际的森林，还有极地地区特有的奇异极光。1996年，拉普兰地区以天然、粗犷、壮美的极地风光被联合国教科文组织作为自然遗产列入《世界遗产名录》。

山水依傍的瑞典风光

瑞典境内的拉普兰地区有两类自然地理风貌：一类是东部的低地，另一类是西部的高山景观。这里的高山与湖泊相依相伴，形成独特的山水依傍的瑞典风光，其中的维里湖被誉为瑞典最美丽的湖泊。该地区的冰川作用对湖泊和谷地的形成起到了重要作用。例如，100多米深的深切谷就是由冰川融水切割而成的。此外，苔原、"U"形谷等也是冰川作用的结果。

瑞典境内的拉普兰地区风光

岛屿遍布的芬兰水世界

芬兰境内的拉普兰地区有着数不尽的湖泊、溪流和岛屿，是一片美丽的水世界。在这片蓝绿相间的拼图中，最辽阔、最湛蓝的就是伊纳里湖。湖中约有3000个岛屿，湖边有数以百计的小湾，岸边多为陡直的岩石。湖的东面和北面是原始松林和沼泽，是大山猫和狼獾的家园。这里清冷的溪流分别从南面和西面的山坡泻下，汇入了伊纳里湖。

拉普兰地区被称为"北极圈内的净土"。

拉普兰地区的土著居民——拉普人的住所

拉普兰地区的绚丽极光

好绚丽迷人的极光啊！

瓦特纳冰川

瓦特纳冰川档案

位置：冰岛东南部

代表景观：耀眼的冰舌、泻湖冰船

火山改变了冰川的色彩。

瓦特纳冰川位于冰岛东南部，是冰岛最大的冰冠，也是欧洲最大的冰川。这里所有的冰块加在一起，几乎相当于整个欧洲其他冰川的总和。冰川的底部是火山。每当火山喷发，岩浆流出后，岩浆里的水就会马上冻结成为冰川的一部分。因此，冰川还在不断地增长。火山喷发的火焰与冰川移动的冰块在这里构成了一幅水火共存的奇妙景象。

瓦特纳冰川

冰与火的"较量"

瓦特纳冰川下最大的火山是格里姆火山。火山的周期性爆发使周围的冰层融化，冰水又形成湖泊。格里姆火山口内的热湖虽然被200米厚的冰层覆盖，但它底部的热量使部分冰不断融化成水，从而占据更大的空间。20世纪以来，格里姆火山每隔5～10年就爆发一次。照这样发展下去，在冰与火的"较量"中，不断增大的水量最终会冲破冰层而获胜。

瓦特纳冰川顶部常伸出耀眼的冰舌。

真想登上峰顶，饱览瓦特纳冰川的美景。

泻湖"冰船"

瓦特纳冰川的末端是一个泻湖。泻湖是指海岸与沙坝或砾石坝之间，有水道与外海相通的浅水区。有时候，由于海水变暖或流动引起冰架底部融化，巨大而坚硬的厚冰块会从冰川中崩裂出来，落入泻湖。这些漂浮在泻湖上的冰块，仿佛一艘艘白色的小船荡来荡去，堪称奇美壮观的"冰船"世界。

生活在冰岛上的北极熊

维苏威火山

维苏威火山档案

位置：意大利那不勒斯市东南
代表景观：山顶火山口

山顶的火山岩

维苏威火山位于意大利那不勒斯市东南，那不勒斯湾之滨，海拔为1277米，是意大利乃至全世界最著名的活火山之一。从高空俯瞰维苏威火山的全貌，可以看到一个接近圆形的火山口，火山口内终日白雾蒸腾，犹如雄狮在喘息。这说明火山并未"死去"，只是处于休眠状态，随时都有可能喷发。

这些火山岩都是由火山喷发形成的。

历史灾难性大喷发

从庞贝古城挖掘出来的玻璃瓶完好无损。

在历史上，维苏威火山曾多次爆发，其中最为著名的一次大规模喷发发生在公元79年。灼热的火山碎屑流毁灭了当时极为繁华的拥有两万多人口的古罗马庞贝城，熔岩、火山灰、泥石流和致命气体夺去了不计其数的生命。直到18世纪中叶，考古学家才把庞贝古城从数米厚的火山灰中挖掘出来，而那些古老的建筑和形态各异的器物都完好地保存着。

庞贝古城的后方就是维苏威火山。

随时"张口"的活火山

维苏威火山有一个接近圆形的火山口，这正是公元79年造成庞贝古城覆灭那次大喷发形成的，即那次巨大的灾难就是从这个火山口降临的。目前，维苏威火山正处在爆发结束后的一个新的沉寂期，从火山口里冒出来的几缕蒸汽，只是极有限地向我们透露着火山仍然活动着的痕迹，但它随时"张口"准备喷发的样子让谁都不敢掉以轻心。

维苏威火山巨大的火山口

火山口张着大嘴，好像随时都要喷东西一样呢！

维龙加火山群

维龙加火山群档案
位置：非洲中东部
代表景观："魔鬼湖"——基伍湖

维龙加火山群是非洲中东部的著名火山山脉，位于东非大裂谷带西部，沿刚果民主共和国、卢旺达和乌干达边境延伸近80千米。这里的火山群所喷出的熔岩造就

维龙加火山群

了周围多种多样的地貌，既有熔岩平原，也有茫茫草原。著名的景观有尼拉贡戈火山和基伍湖。这一地区建立有维龙加国家公园，野象、斑马、长颈鹿等非洲特有的野生动物在这里都得到了有效的保护。

维龙加国家公园内的植被

"魔鬼湖"——基伍湖

在维龙加地区，火山喷出的熔岩凝固后便堆积成天然的堤坝，还把向北流的河水拦成一个特殊的湖泊——基伍湖。基伍湖虽然外表平静，却隐藏着极大危险：大量的二氧化碳等气体聚积在湖底，在细菌的作用下转化成了沼气，如果沼气冒出水面时接触到明火，就会立即大爆炸，焚毁周围的一切。所以，基伍湖被称为"魔鬼湖"。

最危险的火山

尼拉贡戈火山是全世界最危险的16座火山之一。这座火山即使不喷发，也会不断释放出二氧化硫等危害人畜的有毒气体。此外，尼拉贡戈火山口底部还有一个罕见的熔岩湖，里面有温度高达1000℃的岩浆在涌动着。2002年1月17日，红色的岩浆从火山锥东坡和南坡上的三个裂口溢出，几乎摧毁了周围的一切。

想不到维龙加国家公园内竟有这么多野象啊！

维龙加西北部海拔较高处竹林遍布。

维龙加国家公园内的大片草原和沼泽，成了野象群的栖息地。

埃尔斯米尔岛

埃尔斯米尔岛档案

位置：加拿大西北部

代表景观：苍茫的冰雪荒原

北极狼通体白色，与这里的冰雪浑然成一色。

埃尔斯米尔岛是加拿大北极群岛中最北端的岛屿，也是世界第九大岛。其东南部地形为古老结晶岩构成的山原；北部属古生代褶皱带，褶皱山地以古生代沉积岩为主，地形崎岖，群山耸立。埃尔斯米尔岛环境恶劣，绝大部分地区人迹罕至，只有北极熊、北极狼等极少数动物在这片冰雪荒原上出没。

冬季银装素裹的埃尔斯米尔岛

这个岛实在太寒冷了，连北极狼都穿上了厚厚的"皮衣"！

埃尔斯米尔岛的夕阳美景

夏天，埃尔斯米尔岛的
苔原开始展现生机。

北极附近的冰雪岛

埃尔斯米尔岛靠近北极，呈现出一派冰雪特色。岛的地下有永冻层，地表被巨大的冰层所覆盖，没有植被和土壤，气候终年寒冷。当埃尔斯米尔岛南山坡的积雪被太阳融化时，岛上露出的灰黑色山岩更显得分外庄严、肃穆。埃尔斯米尔岛四周有许多经冰川冲蚀形成的参差不齐的峡湾，周围的海面经常冻结成冰。

想到埃尔斯米尔岛探险，可得有很大的勇气啊！

神秘的热带森林化石

在埃尔斯米尔岛有一个地质奇观，那就是1972年发现的热带森林化石。经鉴定，这些树木是生长在距今6000万年左右的第三纪始新世的水杉。这表明，当时这里是湿润的热带气候。由此，有人认为埃尔斯米尔岛是从热带地区漂移而来的。也有人认为是海底喷发活动产生了大量的二氧化碳，导致岛上的地表温度上升，才长出了水杉林。

沃特顿—冰川国际和平公园

沃特顿—冰川国际和平公园档案

位置：美国和加拿大边境

代表景观：沃特顿湖、冰川飞瀑

好美丽的冰蚀湖，就像一块大宝石。

沃特顿—冰川国际和平公园位于加拿大与美国的边境，由沃特顿湖国家公园与冰川国家公园共同组成，是世界上第一座国际和平公园。公园内冰川林立，湖泊众多，风景绮丽。其中，因冰川侵蚀而形成的沃特顿湖是公园中的著名景观。园区中还生活着多种野生动物，为公园平添了生命的活力。

沃特顿湖国家公园内的冰蚀湖

冰川国家公园内的圣玛丽湖

冰川国家公园内的飞瀑

"山脉遇见了草原"

在湖泊密布的沃特顿湖区，冰川的侵蚀对地形的塑造起了决定性作用，创造出了沃特顿湖区山脉与大草原相连的独特景观。人们将这种景观称为"山脉遇见了草原"。这里的野生动物分布也与地貌的差异相对应，山羊、加拿大盘羊、绵羊、山狗、灰熊、狗熊和著名的"国际"麋鹿种群，都在这座公园里友好相处。

美不胜收的冰川飞瀑

冰川国家公园位于美国蒙大拿州北部与加拿大相毗连的国境线上。这里约有近50条冰川和众多的冰川湖。每到冰雪消融的时候，公园山谷中的溪流从几十米高处飞泻而下，水花四溅，形成壮观的飞瀑。由飞瀑汇成的溪流，又形成250多处湖泊。其中的圣玛丽湖有16千米，由群山环抱，以风景秀丽而著称。

公园的湖边长着像熊尾巴一样的"熊草"。

卡特迈国家公园

卡特迈国家公园档案

位置：美国阿拉斯加半岛

代表景观：万烟之谷、棕熊自然保护区

卡特迈国家公园茂密的植被

> 这里有这么多活火山，真的好危险啊！

卡特迈国家公园的面积超过160万公顷，分布着14座活火山。公园所在的阿拉斯加半岛是地壳中最不稳定的"环太平洋地震带"的组成部分，这里也因火山活动频繁而形成了"万烟之谷"。公园中美景繁多，如湛蓝的湖水、潺潺的河流、茫茫的雪山、晶莹的冰川。这里还是阿拉斯加棕熊的保护地，是世界上棕熊最多的地方。

1912年诺瓦鲁普塔火山大规模喷发，至今还冒着烟雾。

正在捕食大麻哈鱼的棕熊

卡特迈国家公园
峭壁上筑巢的鹰

美丽的棕熊保护区

卡特迈国家公园的动物种类繁多，包括驼鹿、驯鹿、野狼等，而众多的棕熊更是成了公园的宠儿。这里专门设立了棕熊保护区。棕熊喜欢吃大麻哈鱼。在每年的夏季，成群结队的大麻哈鱼会逆游到河的上游产卵。这时，守在河中的棕熊总能轻易抓到送上门的美餐。

卡特迈国家公园是世界上棕熊最多的地方。

色彩缤纷的"万烟之谷"

在诺瓦鲁普塔火山西北10多千米处，有一条长10千米、宽8千米的山谷，谷中铺满了厚厚的火山灰砾。灰砾场上有成千上万个喷气孔，大量的炽热气体从地下喷出来，在山谷上空形成巨大的蒸汽云。在阳光照耀下，它们映现出一条条缤纷的彩虹，山谷因此被称为"万烟之谷"。如今这里的喷气孔变少了，植物开始复苏，各种动物也常常来到这里。

朗格尔—圣埃利亚斯国家公园

朗格尔—圣埃利亚斯国家公园档案

位置：美国阿拉斯加州

代表景观：马拉斯皮纳冰川

朗格尔—圣埃利亚斯国家公园位于美国阿拉斯加境内。公园的名字引用了这里两座山脉的名称，即朗格尔冰山与圣埃利亚斯冰山。朗格尔—圣埃利亚斯国家公园是美国较大的公园之一，这里保持了冰川、火山和海湾等原始生态环境，已于1992年被联合国教科文组织作为自然遗产列入《世界遗产名录》。

公园内的冰川与湖泊

好一派迷人的冰川景色啊！

马拉斯皮纳冰川是世界上最大的山麓冰川之一。

冰川火山和海湾

公园中分布着两座冰川火山和两个海湾。朗格尔冰山位于公园的西北角，包括4座冰川火山。圣埃利亚斯冰山位于公园的东南部，比朗格尔冰山略高。在圣埃利亚斯冰山的凹陷处有两个海湾——亚库塔特湾和艾西湾，两个海湾延伸后融为一体。海湾之间是马拉斯皮纳冰川，它是最世界上第一个被认定的山麓冰川，也是世界上最大的山麓冰川之一。

朗格尔—圣埃利亚斯国家公园的夏季风光

朗格尔冰山附近岛屿的海狮

想不到冰雪世界里也有这么多动物啊！

繁杂的野生动植物

朗格尔—圣埃利亚斯国家公园不但有复杂的地理环境，而且分布着种类繁杂的野生动植物。山上生活着野生白山羊、白头海雕和游隼。在布满森林的峡谷或山坡上，游荡着驼鹿、棕熊、狼以及偶尔出现的北美驯鹿和野牛。北极圈和阿拉斯加内陆的鸟类也常到这里栖息。在南海岸附近，还生活着鲸、海狮等海洋哺乳动物。

冰川湾

———— 冰川湾档案 ————

位置：美国阿拉斯加州与加拿大交界处

代表景观：林立的冰川

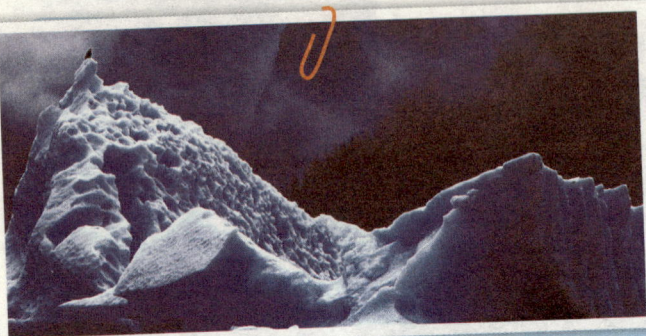

巨大的冰川一角

冰川湾位于美国阿拉斯加州和加拿大交界处，包括一系列冰川。这里是一处尚未被开发的地方，有着丰富的自然景观和完整的生态系统。典型的冰川作用造就了这里的迷人景色，绵延起伏的高山、环抱着避风港的海滩和峡湾、漂浮在水面上的美丽而奇异的蓝冰，都是这一地区的特色景观。

冰川湾真有一种圣洁之美啊！

独特的冰川物种

在冰川湾，分布着许多适合在冰川地区生存的生物物种。从岩石嶙峋、白雪皑皑的高山地带到苍翠繁茂的温带雨林沿海地带，形成奇美的冰川植物景观。这里还生活着各种各样的动物，如棕熊、黑熊、座头鲸等。在冰川湾国家公园的峡湾两岸的森林中，还可以看到美国国鸟白头海雕的身影。1986年，冰川湾被联合国教科文组织列为生物保护区。

冰雪融水冲成的冰穴

冰川崩塌时的景象

美丽奇异的蓝冰

在冰川湾可以看到众多美丽奇异的蓝冰。这些蓝冰是怎么来的呢? 原来, 冰川裹挟着大大小小的碎石进入湖泊后, 大块的碎石便沉淀下来形成三角洲, 小块的碎石则散入湖区, 只剩下最小的冰块漂浮在水面上。这些晶莹的小冰块可以折射出光线中的蓝色和绿色光线, 因此便拥有了这种美丽奇异的特殊色彩了。

风光奇异的冰川湾

火山口湖国家公园

火山口湖国家公园档案

位置：美国俄勒冈州西南部

代表景观：火山口湖、女巫岛和幽灵岛

火山口湖国家公园是美国一处颇具特色的保护区，它以蓝色的火山口湖而闻名遐迩。公园里棕褐色的岩石和深绿色的林木倒映在**碧蓝色的湖水**之中，美丽的景色仿佛人间仙境，如梦如幻。为了保护火山口湖和周围的林木，1902年这里成立了国家公园，成为**美国第五个国家公园**。

充满生机的火山口湖国家公园

清澈湛蓝的火山口湖

火山变成了湖泊

公园内的火山口湖是火山喷发后形成的积水湖泊。大约7700多年前，公园里的一座火山发生了喷发，山顶出现了一个深达579米的大坑。久而久之，雨雪积聚于此，形成了湖泊，这就是著名的火山口湖。由于湖水非常清澈，天气晴朗时，湖泊总是呈现出深蓝色。后来，该火山又有过几次剧烈活动，十分神奇地在湖中形成了许多岛屿。

火山口湖边的古树

> 这个岛好像巫婆的帽子哦！

火山口湖中的女巫岛

奇特的女巫岛与幽灵岛

在火山口湖的湖中，有两个面积很小但形状奇特的岛屿——女巫岛与幽灵岛。女巫岛整座岛呈圆锥状，最高点在岛的正中央，远远望去，如同巫婆的帽子。幽灵岛的形状则像一艘漂泊的船，岛上的针叶林构成了船桅、船帆和索具。它就像幽灵一样，常常在雾气的衬托下神秘出现又忽然消失，只有在天气晴朗时才看得清楚。两座小岛相映成趣，点缀着美丽的火山口湖。

大特顿国家公园

大特顿国家公园档案

位置：美国怀俄明州西北部
代表景观：大特顿山脉

大特顿国家公园位于美国怀俄明州西北部的冰川山区，是美国著名的旅游胜地，以壮丽的景色和丰富的动植物物种而为人所称道。这里地势崎岖，分布着冰川河、沼泽、森林和高山草原等一系列壮观景色。雄伟的大特顿山是大特顿国家公园的代表景观。

大特顿国家公园的山光水色

这里真是鲜花的海洋啊！

气势雄伟的大特顿山脉

大特顿山脉长约60千米、宽约20千米，它只有1000万年的历史，是落基山脉中年龄最小的。大特顿山脉主体约形成于15万年前的冰川时期，主要归功于板块的上升运动。远远望去，山脉的群峰犹如教堂尖顶，气势十分雄伟。

鲜花盛开的大特顿国家公园

大特顿山的秀丽风光

大特顿国家公园的俊美山峰

景色壮丽的旅游胜地

大特顿国家公园是美国著名的旅游胜地，壮丽的景色使它在众多国家公园中占有一席之地。除了雄伟的大特顿峰，公园的东部还有一系列由冰川形成的湖泊，杰克森湖就是其中最大的湖。大特顿国家公园拥有丰富的物种。其中，白杨树是这里的主要树种。公园里还生活着美洲黑熊、北美灰熊、黄腹旱獭和金雕等动物。

冰雪覆盖下的山峰真迷人呀！

127

冰川国家公园

冰川国家公园档案

位置：阿根廷西南部

代表景观：莫雷诺冰川、阿根廷湖

> 这里的山峰好崎岖啊！

冰川国家公园位于阿根廷西南部的安第斯山脉南段，这里分布着世界第三大冰原。公园内气候严寒，积雪终年不化，为冰原的形成创造了十分有利的条件。冰川国家公园内有着崎岖高耸的山脉和许多冰湖。著名的阿根廷湖位于众多冰河的汇合处，巨大的流冰带着雷鸣般的轰响冲入湖中，形成壮丽的景观。

莫雷诺冰川

冰川国家公园

奇伟瑰丽的冰川景象

冰川一角

公园内有10座规模宏大的冰川，都是从巨大的冰原中分离、漂移出来的。其中的莫雷诺冰川是世界上少有的正在生长中的冰川。它不断向旁边的湖水推进，把一段狭长的湖面完全截断，湖中水位也随之上升。除莫雷诺冰川外的其他9座冰川都在消融之中，融化后的水流注入大西洋。公园内的冰川景象奇伟瑰丽，已被列入《世界遗产名录》。

阿根廷湖

迷人的阿根廷湖

在冰川群东部，湖泊星罗棋布，其中以阿根廷湖最为著名。阿根廷湖接纳了来自150多条冰河的水流和冰块。巨大的冰块互相撞击，缓缓向前移动，形成造型奇特的冰墙。最后这些冰块聚于湖中，组成洁白玉立的冰山雕塑。湖畔是环绕的雪峰，山下是茂盛的林木，景色十分迷人。

129

哈莱亚卡拉国家公园

哈莱亚卡拉国家公园档案

位置：夏威夷群岛中的毛伊岛

代表景观：哈莱亚卡拉火山

"哈莱亚卡拉"在夏威夷语中是"太阳之家"的意思。哈莱亚卡拉国家公园原是大片荒原，因拥有世界最大的休眠火山——哈莱亚卡拉火山而闻名。哈莱亚卡拉国家公园内不但有起伏不断的丘陵和浓密繁茂的林木，还有千姿百态的哈莱亚卡拉火山群，为人们展现了艳丽迷人的自然奇观。

> 看啊，这些火山口就像杯子口一样。

哈莱亚卡拉火山群

哈莱亚卡拉火山夕照

130

色彩斑斓的火山口

哈莱亚卡拉火山口深800米，周长34千米，足以容纳纽约的整个曼哈顿岛。这里十分荒凉，到处是凌乱的岩石、色彩斑斓的火山渣和奇形怪状的熔岩。这个火山口是多次火山喷发和长时间的风、雨、流水侵蚀作用后的产物。所有这些作用力加宽并夷平了火山口，使它的规模越来越大，成为现在这个样子。

美丽的毛伊岛海滩

草木茂盛的绿洲

公园内大多数地区几乎寸草不生，但其东北角却雨量充沛，是树、草和蕨类植物的天堂。这里有罕见的银剑，开放着紫色小花，花管可长到一人多高。火山口外坡的高山沼泽下方，长着众多绿色植物，使这里成为草木茂盛的公园。

雨后的哈莱亚卡拉国家公园一角

公园里充满了勃勃的生机，真是太棒了。

131

夏威夷火山国家公园

夏威夷火山国家公园档案

位置：夏威夷岛东海岸

代表景观：橘红色的熔岩

莫纳罗亚火山喷出的熔岩正在流淌。

这些滚烫滚烫的岩浆是从地下涌出来的。

夏威夷火山国家公园坐落在太平洋夏威夷岛东海岸的火山区上。公园里有5座火山，其中包括莫纳罗亚和基拉韦厄两座现代活火山。从火山口溢出的橘红色熔岩，是这里最独特的景观。夏威夷火山国家公园以其优美的自然风光享誉世界，1987年被联合国教科文组织作为自然遗产列入《世界遗产名录》。

基拉韦厄火山的岩浆

即将入海的熔岩

"伟大的建筑师"

　　岛上第一大火山是莫纳罗亚火山，它从太平洋底部耸立起来，从海底到山顶的高度超过10000米。莫纳罗亚火山有"伟大的建筑师"之称。这是因为该火山每隔一段时间便会喷发一次，倾泻的大量熔岩使山体不断增大。至今，山顶上还留有好几个锅状火山口，成为它不断"建设"的物证。

　　这些滚滚浓烟，就是火山喷发的前兆。

即将喷发的基拉韦厄火山

破坏与新生

　　岛上的另一座著名活火山是基拉韦厄火山。它在造成破坏的同时，也创造了奇丽的景观。肥沃的火山土养育了新生植物，而不断涌入太平洋的熔岩也日渐造就着新的岛屿。时至今日，基拉韦厄火山仍然冒着烟，熔岩流也依然持续注入大海中。它已为夏威夷岛创造了将近2.4平方千米的新生地，而且面积仍在不断扩大中。

汤加里罗国家公园

汤加里罗国家公园档案

位置：新西兰北岛
代表景观：汤加里罗火山、鲁阿佩胡火山和瑙鲁霍伊火山

汤加里罗国家公园位于新西兰北岛中南部，这里以拥有众多火山和不同层次的生态系统而闻名于世。公园内有15座年轻的火山，其中汤加里罗火山、鲁阿佩胡火山和瑙鲁霍伊火山是最著名的三座锥形火山。在高山雪景和蜿蜒的溪水映衬下，公园呈现出一派秀美迷人的风光。

跟我一起去新西兰看火山吧！

瑙鲁霍伊火山是公园中最壮观的火山。

活动频繁的火山

鲁阿佩胡火山和瑙鲁霍伊火山的喷发活动频繁。其中，鲁阿佩胡火山在1945年的喷发持续了近一年，喷出的火山灰和黑色气体最远飘到新西兰首都惠灵顿。瑙鲁霍伊火山的火山口常年烟雾缭绕，只有在很少的晴天，人们才能看到积雪覆盖的山腰和顶峰。由于火山活动频繁，这里形成了许多美丽的温泉、间歇泉和沸泥塘等。

汤加里罗国家公园内壮美的火山风光

瑙鲁霍伊火山终年积雪，高耸入云。

多姿多彩的火山风光

　　汤加里罗国家公园的三座火山各具特色，呈现出多姿多彩的风光。汤加里罗火山是当地土著毛利人心中的圣地，火山上布满截头峰、火山锥和火山口，这是它的主要特征。鲁阿佩胡火山是新西兰北岛的制高点，火山口有小型湖泊，山顶终年白雪皑皑。瑙鲁霍伊火山则是三座火山中最壮观的，火山上烟雾腾腾，常年不息。

鲁阿佩胡火山上的小型湖泊

埃里伯斯火山

埃里伯斯火山档案

位置：南极洲罗斯岛

代表景观：红色的避风港——干谷

冰山峭壁

埃里伯斯最初并不为人所知。1841年1月，英国探险家罗斯率领一支探险队，乘坐"埃里伯斯"号考察船来到南极的一个无名岛上探险。他便将这个岛屿命名为"罗斯岛"，把岛上的火山叫做"埃里伯斯火山"。埃里伯斯火山是活跃的、炽热的，它与周围静止的、寒冷的冰雪环境形成了鲜明的对比，从而组成了反差强烈的冰与火的世界。

埃里伯斯火山是冰与火相容的世界。

埃里伯斯火山

告诉你，是火山产生的地热才产生了这里的无雪地带。

南极洲的巨大冰块

"南极洲的富士山"

埃里伯斯火山的山体呈圆锥状，和日本的富士山十分相似，被称为"南极洲的富士山"。它的主火山口呈椭圆形，里面有个熔岩湖。它西南侧还有个钵状的侧火山口，这个火山口的边缘有个喷气孔。在南极严寒的条件下，喷气孔喷出的蒸汽凝结成高达数米的冰塔，冰塔又被继续喷出来的蒸汽穿透成一个个冰洞，冲出冰洞的蒸汽又凝成了美丽的冰花。

红色的避风港

在距离埃里伯斯火山数千米远的地方，有一块红色的裸露丘陵地，面积约10000平方千米。这里终年未被冰雪覆盖，大片的岩石龇牙咧嘴，露着狰狞的面目，这就是南极洲最有名的干谷。干谷适宜躲避风暴，是优良的避风港。前来埃里伯斯火山探险和科学考察的人们，都是在干谷休息和露营的。

埃里伯斯火山的无雪地带

第四章

MOST EXPLORE

最探索系列

大地魔术师

DADI MOSHUSHI

　　大地是一个神奇的魔术师，它造就了千变万化的独特地貌。我国四川的黄龙、土耳其的帕木克堡是喀斯特地貌的典型代表，展示着世界上最壮观的沉积性石灰岩地质奇观。云南石林则以雄浑奇伟的石灰石峰林展现了喀斯特地貌的另一面。而"雅丹地貌"以我国新疆地区的魔鬼城、五彩湾和罗布泊最为典型……看了这些景色，你一定会为大自然的奇妙魔术而惊叹。

魔鬼城

魔鬼城档案

位置：中国新疆维吾尔自治区
代表景观：奇台魔鬼城、乌尔禾魔鬼城

魔鬼城是分布在戈壁荒漠或沙漠中的各类风蚀地貌形态的组合。它们就像中世纪西方的大城堡，造型各异，高低错落，充满神奇的色彩。当狂风刮过时，发出的声音有如魔鬼的嘶吼，令人毛骨悚然。新疆的魔鬼城有多处，其中较为著名的有4处，即乌尔禾魔鬼城、奇台魔鬼城、克孜尔魔鬼城和哈密魔鬼城。

魔鬼城是各类风蚀地貌形态的组合。

魔鬼城是大自然精心雕琢的艺术品。

魔鬼城到处是石柱和石墩。

典型的雅丹地貌

　　魔鬼城属于典型的雅丹地貌，是由三叠纪、侏罗纪、白垩纪的各色沉积岩组成的。由于沙漠里基岩构成的平台形高地内部存在节理或裂隙，暴雨的冲刷使裂隙加宽扩大，渐渐形成风蚀沟谷和洼地，孤岛状的平台小山则变为形态各异的石柱或石墩。这种风蚀地貌形态多样，有石墙、石笋、石兽、石鸟、石鱼、石堡、石亭、石蘑菇等。

将军戈壁上的魔鬼城

千奇百怪的岩石

　　奇台魔鬼城和乌尔禾魔鬼城是新疆魔鬼城的典型代表。位于昌吉州奇台县将军戈壁深处的奇台魔鬼城，以风蚀地貌的造型奇特而著称。有的像阿拉伯的清真寺、西藏的布达拉宫，还有的像农妇晚归、和尚念经，等等。克拉玛依市区东北的乌尔禾魔鬼城以奇石种类丰富而闻名。在起伏的山坡地上，布满血红、湛蓝、洁白、橙黄的各色石子，给魔鬼城增添了神秘的色彩。

五彩湾

五彩湾档案

位置：中国新疆维吾尔自治区
代表景观：色彩斑斓的火烧山

> 五彩湾美丽的山包竟然是煤层燃烧形成的。

五彩湾位于中国新疆维吾尔自治区吉木萨尔县城以北100余千米的古尔班通古特沙漠中，由五彩城、火烧山、化石沟三部分组成。早在侏罗纪时代，这里就沉积了很厚的煤层。随着地壳的剧烈运动，那些煤层就露出了地表。历经风雨剥蚀后，煤层表面的沙石被冲蚀殆尽，在阳光曝晒和雷电袭击的作用下，煤层大面积燃烧，形成了烧结岩堆积的大小山丘。

藏宝的五彩湾

20世纪80年代初，石油勘探工作者发现了由数十座颜色鲜艳的山丘组成的五彩湾。经过勘察，勘探工作者发现这些美丽的山包其实是煤层燃烧后形成的一堆堆灰烬。同时，这里还蕴藏着丰富的石油资源和大量的黄金、有色金属等20多种珍贵矿藏。随着五彩湾的发现，这里的美景和这些矿藏也一一为世人所知。

五彩湾不仅风景绚丽，而且是个藏宝地。

变色的五彩湾

　　由于各个地质时期矿物质的含量不尽相同，这一带连绵的山丘便呈现出以赭红为主，夹杂着黄、白、黑、绿等多种色彩的绚丽景观。随着一天中太阳光线的变化，五彩湾的色彩也随之发生或明或暗地变化。特别是每逢清晨或黄昏，在朝阳或晚霞的映照下，山体像是在熊熊燃烧，极为壮观。

五彩湾真是色彩缤纷啊！

五彩湾峡谷

五彩湾的岩石

五彩湾颜色鲜艳的山丘

罗布泊

罗布泊档案

位置：中国新疆维吾尔自治区
代表景观：雅丹地貌

> 现在的罗布泊是不毛之地，好荒凉啊！

罗布泊是一个谜一般的世界，它曾经碧波荡漾，是中国第二大内陆湖，但如今却是一片不毛之地。这里气候极其复杂恶劣，昼夜温差有时达到40℃，风暴沙暴频繁，令人望而生畏。而在2005年，地质专家经勘测发现，这个被称为"地球干极"的大漠居然有一处长10余千米、宽约4千米的巨大的"地下水库"，这更使它增添了几分神秘色彩。

从湖泊到沙漠的变迁

罗布泊位于新疆维吾尔自治区若羌县境内东北部，塔里木盆地东部。古罗布泊是个大湖，已有200万年的形成史。在新构造运动影响下，湖泊盆地自南向北倾斜抬升，分割成几块洼地。现在的罗布泊是位于北面最低、最大的一个洼地，曾经是塔里木盆地的积水中心。随着环境变化，湖水日渐减少。在20世纪70年代，湖水终于干涸，变成了荒漠地区。

罗布泊洼地上的雅丹地貌

神奇的雅丹地貌

遍布罗布泊地区的雅丹，也称"雅尔当"，原是罗布泊地区维吾尔族人对险峻山丘的称呼。分布在罗布泊荒漠北部的雅丹群，面积达2600多平方千米。由于罗布泊地区常年大风，天长日久，土台星罗棋布，变幻出各种姿态，时而像一支庞大的舰队，时而又像无数条鲸鱼在沙海中翻动腾舞，令人浮想联翩，流连忘返。

罗布泊环境恶劣，被称为"死亡之海"。

好奇怪的土柱哦！

戈壁滩上的土柱

如今的罗布泊是不毛之地，历史上却曾是个大湖。

黄龙

黄龙档案

位置：中国四川省阿坝藏族羌族自治州
代表景观：钙华地貌

黄龙风景区位于中国四川省阿坝藏族羌族自治州松潘县境内。它就像一条金色巨龙一样，从莽莽原始森林中奔腾而出，成为川西北高原上最炫目的自然景观之一。这里的景观类型丰富，造型奇特，规模巨大，结构精巧，以宏大的地表钙华景观为主景，与周边的山岳景观、峡谷景观、瀑布景观、森林景观、人文景观等构成了壮丽奇绝的人间仙境。

黄龙飞瀑

好秀丽的瀑布景观啊！

典型的钙华地貌

黄龙是川西北高原上的一颗炫目的明珠。

黄龙地区的地层以碳酸盐成分为主，属于典型的钙华地貌。钙华也叫石灰华，是岩石中的钙质等化学物质溶解后形成的白色沉积物。这种地貌的形成和水生植物的光合作用和呼吸作用产生的二氧化碳有密切关系。由于黄龙特殊的地理环境和气候条件，形成了池、湖、滩、瀑、泉、洞等不同的钙华景观。黄龙的钙华景观，在中国风景名胜区中独树一帜。

钙华彩池

钙华彩池好像闪光的鱼鳞一样。

绚丽的黄龙奇景

黄龙有两大奇景。其一是黄龙沟的钙华彩池。在相对高差达400米的黄龙沟中，数千个钙华彩池似鱼鳞层叠，巧妙地分布其间，呈现出黄、绿、蓝、白等各种色彩，争奇斗艳。另一奇景是名为"金沙铺地"的钙华滩流。浅浅的钙华流在滩面上滚流，达千米之远。赤足踩在沙滩上，有"千层之水脚下踏，万两黄金滚滚来"之感。

金沙铺地

元谋土林

元谋土林档案

位置：中国云南省元谋县

代表景观：土峰、土柱、土帽

云南省元谋县不仅以"元谋猿人"遗迹而闻名全国，其独特的地理景观"土林"更是一绝。元谋土林位于中国云南省元谋县白草岭山脉余脉，以及蜻蛉河、勐冈河、班果河沿岸，它是沙、土、砾石堆积物在干热气候条件下形成的一种特殊地貌。它以鬼斧神工、姿态万千的沙雕泥塑和原始神秘、粗犷荒蛮的风韵闻名于世，与西双版纳热带雨林、路南石林并称为"云南三林"。

> 这些土峰、土柱能历经风雨而不倒，真神奇啊！

千姿百态的土林

色彩斑斓的土林

大自然的鬼斧神工造就了神异的土林景观。

元谋土林属于地质新生代第四纪砂砾黏土沉积岩，这一地层岩层倾斜较缓，有利于保持岩柱的稳定。经过亚热带地区长期的烈日曝晒、雨水冲刷和切割，逐渐形成了这一自然奇观。由于元谋土林的沙砾中含有多种金属矿物质，因而呈现出粉红、浅绿、橘黄、玫瑰红等色泽，这些色彩还会随光照角度的变化而变幻无穷。

伫立旷野的土林雕塑

元谋土林的基本构成是一座座黄色的土峰、土柱。它们的顶端大都呈圆锥形或扁平形，犹如戴上了一顶顶土帽。在长期的风化过程中，这些土帽中保留了铁、钙等物质，因而坚硬且不透水，使土峰、土柱受到相应保护，能够岿然独存，不易倾倒。这些造型各异的土林雕塑伫立在旷野中，具有极高的观赏价值。它们有的如擎天柱，有的像古代城堡，还有的酷似古希腊神庙精美的廊柱。

阳光的照射让土林流光溢彩。

土林看上去真的很像土质的树林啊！

元谋土林以造型奇特的土柱让人赞叹不已。

路南石林

路南石林档案

位置：中国云南省路南彝族自治县

代表景观："万年灵芝"等奇石

好壮观的石林景观啊！

　　我国云南的路南石林是世界著名的喀斯特地貌之一。石林中的石柱、石笋千姿百态，景致异常壮观而奇特，不愧是一座名副其实的"山峰森林"，被人们赞誉为"天下第一奇观"。世界各地有多处石林，但是像云南路南石林如此绚丽多姿的，却绝无仅有，因此它成为举世闻名的游览胜地。而游览石林，既要远眺其壮丽的景色，又要钻进石林的深处，身历其境，才能领略到石林的妙处。

"天下第一奇观"——路南石林

地壳变迁的杰作

距今2.7亿年前，石林地区还是一片汪洋，海底沉积了厚厚的石灰岩，经中生代地壳运动，海底上升，才形成陆地。200万年来，在强烈的溶蚀作用和日复一日的风化作用下，石灰岩被富含二氧化碳的流水溶解并带走，使裂缝加宽、加深、加大，慢慢形成了众多石峰。这些石峰与石柱、石笋等岩溶地貌连片成群，最终塑造出今天的石林。

路南石林旁壮观的大叠水瀑布

路南石林的骆驼峰

千姿百态的石柱

路南石林面积约30000公顷，走进"林区"，如入迷宫。石林中的石柱更是千姿百态：有的如利剑刺空，有的似一柱擎天，有的如古塔群立，有的像灵芝群集，景致都异常壮观和奇特。在众多景点中，尤以"莲花峰"、"剑峰池"、"望峰亭"、"石林湖"、"母子偕游"、"万年灵芝"等景观最佳。

这块巨石真像一个大灵芝啊！

石林奇景之——万年灵芝

乐业天坑

乐业天坑档案

位置：中国广西壮族自治区百色地区乐业县
代表景观：大石围天坑

乐业天坑群位于中国广西壮族自治区百色地区乐业县，由20多个天坑组成，形成于6500多万年前。天坑又叫喀斯特漏斗，由喀斯特溶洞塌陷而成，是一种世界罕见的地质奇观。乐业天坑群是世界最大的天坑群，被誉为"天坑博物馆"和"世界岩溶圣地"，也是大自然留给人类的神奇造化之谜。

天坑洞穴内充满生机，别有洞天。

天坑里面一定很神秘吧！

世界罕见的地质构造

在方圆数千米的范围内，竟然有如此密集的天坑，是因为乐业县所在的地层在地质作用下发生了旋转和扭曲，形成特殊的"S"形地质构造，而天坑分布的地区又正处于该构造的中部而造成的。这个地区在地壳运动时引起的张力最大，由此形成了诸多的抗张裂隙，即天坑群。这种地质构造在世界上是非常罕见的。

天坑漏斗

天坑洞口

史前植物和珍稀动物

这个天坑真像个大漏斗呢!

　　乐业天坑群中最大的天坑名为大石围。在大石围的坑底,原始阴生植物比比皆是,以藻类、蕨类居多。其中已查明的包括60多棵被称为"恐龙时代活化石"的桫椤,以及史前时期的野芭蕉、野芋头等珍稀植物,还有冷杉、血泪藤树等珍稀树种。此外,人们在坑内还发现了"盲鱼"以及被当地人称为"飞虎"的奇特动物。

陡峭的大石围天坑

巨人之路

巨人之路档案

位置：英国北爱尔兰
代表景观：玄武岩石柱林

在英国北爱尔兰安特里姆平原边缘，沿着海岸大约有40000多根大小均匀的玄武岩石柱从大海中伸出来，绵延成数千米的堤道，这就是巨人之路。从空中俯瞰，巨人之路赭褐色的石柱堤道在蔚蓝色大海的衬托下显得格外醒目，引人遐思。在北爱尔兰，巨人之路又被称为"巨人堤"或"巨人岬"。

火山熔岩形成的棱柱紧密排成蜂窝状。

跟我一起去看雄伟的巨人之路石柱林吧！

火山熔岩造就柱石、峭壁

大量高低不一的玄武岩柱石排列在一起，柱石的四壁像刀削斧砍一般，形成的阶梯状玄武岩石柱林，显得气势磅礴。这些柱石是由第三纪时期的活火山不断喷发而形成的。当时一股股玄武岩熔流涌出地面，冷却后收缩形成四边形、五边形或六边形的棱柱。在海岸边，由火山熔岩形成的峭壁平均高度约为100米，看上去极为壮观。

壮观的玄武岩石柱林

密密麻麻的石柱林

　　许许多多的石柱远远望去像是密密麻麻的石林，却又奇妙地构成一条有台阶的石道。石柱形成的石道在海岸线上延续了约6000米长。这些石柱高低不等：有的石柱高出海面，最高可达12米左右；有的石柱隐没于水下或与海面齐高。巨人之路和巨人之路海岸不仅是罕见的自然景观，也为地球科学的研究提供了宝贵的资料。

远远望去，这些石柱形成密密麻麻的石林。

巨人之路延伸到大海边。

155

帕木克堡

位置：土耳其西部

代表景观：阶地与钟乳石

这些梯壁像冰一样，在闪闪发光呢！

帕木克堡位于土耳其西部古希腊和古罗马废墟下，它在当地语中意为"棉垛城堡"。在传说中，它被认为是"上古神灵收获和曝晒棉花的场所"。帕木克堡以白色闪光的梯壁、阶地和钟乳石闻名于世。另外，从古希腊到古罗马时期，帕木克堡温泉还以对疾病有神奇的疗效而著名。

帕木克堡的白色阶地

白色闪光的梯壁

白色闪光的阶地

　　帕木克堡广泛分布着白色阶地和钟乳石，这是由附近高原上喷出的火山温泉长期冲蚀而成的。在漫长的岁月里，泉水溶解了岩石中的大量石灰质和其他矿物质。当泉水涌出后经过高原边缘，石灰质就会逐渐析出，沉积在沿途中。长年累月，凡是泉水流经的地方都留下了一层石灰质，逐渐形成了白色闪光的梯壁、阶地和钟乳石。

帕木克堡的独特地貌吸引了大批游客。

帕木克堡的泉水

到帕木克堡的泉水洗澡，可是古代王室的享受哦！

有神奇疗效的温泉

　　帕木克堡温泉富含多种矿物质，可以治疗多种疾病，它的功效在2000多年前就闻名于世了。据说古希腊白加孟国王尤曼尼斯二世曾在附近有喷泉的高原上建造了希拉波利斯城，现在帕木克堡上的废墟即由此而来。公元前129年，希拉波利斯城成为罗马帝国属地，曾被之后的几代罗马皇帝定为王室浴场；以后在老城的基础上陆续建造有宽阔的街道、剧院、公共浴场，还有用渠道供应温水的住宅，盛极一时。

格雷梅三角带

笋状和塔状岩体

格雷梅三角带位于土耳其中部的安纳托利亚高原上，是由远古时代5座大火山喷发出来的熔岩构成的火山岩高原。这里波浪状的岩石、呈笋状和塔状的岩石等景观奇妙无比，被人们称为"奇山区"。2000多年以来，这里还保存了大量的山地洞穴和地下建筑遗址。如果完全挖掘出来，规模将相当惊人。

啊，这些岩石真奇特啊！

海浪形岩石

158

奇异的月亮状地貌

格雷梅三角带的地貌呈月亮状，这是在远古时期火山喷发形成的。远古时期产生的大量火山灰、熔岩和碎石层层堆积，形成了一个高出邻近地面300米的台地。火山灰经长期挤压硬化成灰白色的石灰华，上面覆盖着硬化黑色玄武岩。流水、洪水和霜冻又使这些岩石开裂，较软的部分被侵蚀掉，结果留下这种奇异的月亮状地貌。

古人曾在峭壁上挖凿岩洞居住。

神秘的洞穴和地下城

格雷梅地区保存有大量的山地洞穴和地下建筑遗址。2000多年前，土耳其先民希太部族在此凿洞而居。公元4世纪，基督教徒在这里修建了各种宗教建筑。到了公元9世纪，又有许多基督教徒到此凿山居住，并将洞穴粉饰布置成教堂。这里还拥有庞大的地下建筑群，在1963年及其后的10年中，人们一共发现了63处地下城镇。

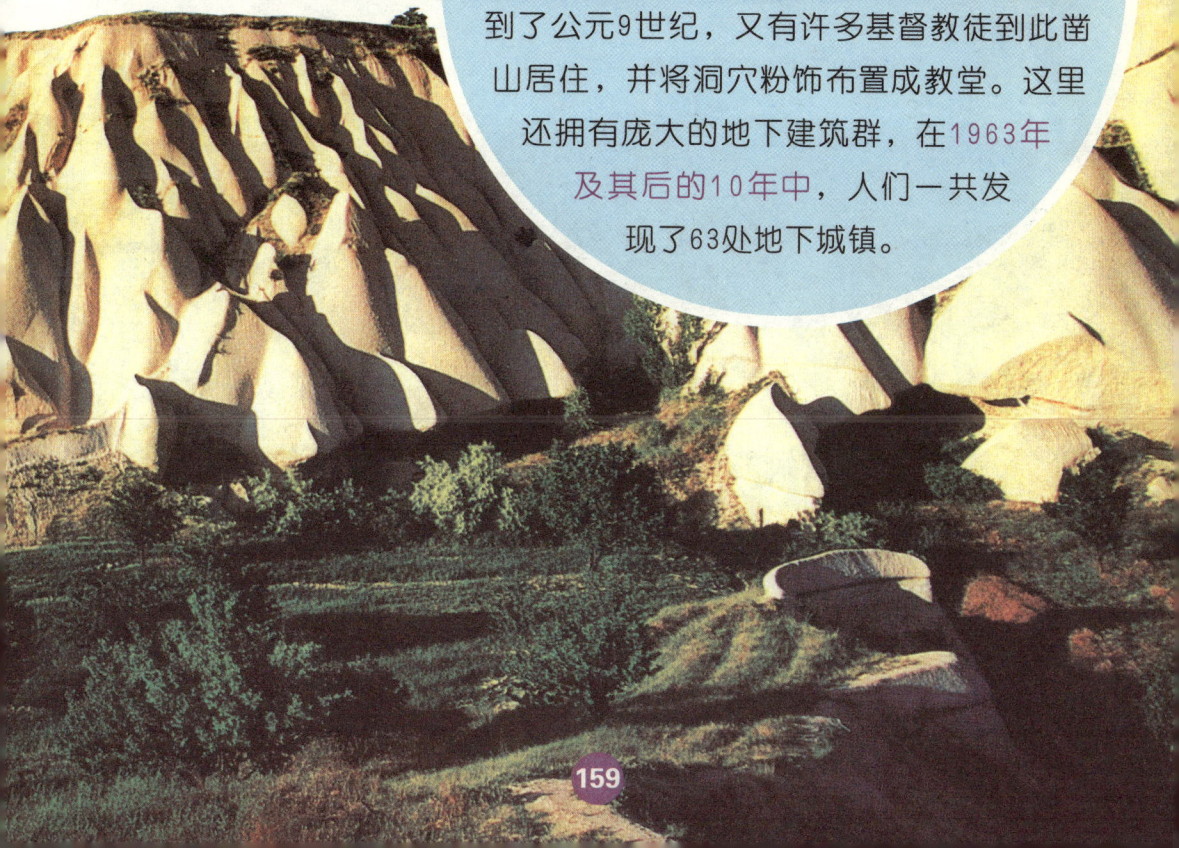

马达加斯加岛 "磬吉"

马达加斯加岛 "磬吉" 档案

位置：马达加斯加首都以西

代表景观：高耸的巨大岩石

原来，这就是"动物不能生活的地方"啊！

磬吉，在当地语中是"动物不能生活的地方"之意。具体指的是马达加斯加的鲸基·德·贝玛拉哈自然保护区内的喀斯特地貌和石灰岩丘陵，这里以独特的石针林著称。该保护区幅员辽阔，人烟稀少，是马达加斯加西部单纯生物学意义上的保护区。1990年这里被联合国教科文组织作为自然遗产列入《世界遗产名录》。

自然保护区内的喀斯特地貌

怪异的石针林

鲸基·德·贝玛拉哈自然保护区面积约1520平方千米，绝大多数地区由崎岖不平的喀斯特石灰岩组成。这是几百万年前海底珊瑚和海藻的化石堆积物经过地壳运动露出海面而形成的。它的东南部有许多耸立在河面上的巨大岩石，如针尖般刺向天空，是这里的特色景观。因为敲击时会发出破钟似的低沉声音，所以当地人称这些古怪的岩石为"磬吉"。

巨大石灰岩岩石，如针尖般刺向天空。

狐猴的一种——环尾狐猴

典型的动植物

狐猴你要小心些，别让这些"针尖"岩石扎伤啊！

保护区内的植被是典型的喀斯特地区植物，包括黑檀木、野香蕉、猴面包树以及长在岩石上的旱生芦荟等。干燥而密集的落叶林和广阔的稀树大草原在这里随处可见。这里的动物也很有特点。最具代表性的是形似猴子的狐猴，有20多种，其数量占据了岛上哺乳动物总数的40%。

埃托沙盐沼

埃托沙盐沼档案

位置：纳米比亚北部

代表景观：干涸的盐渍地

埃托沙盐沼位于纳米比亚北部，埃托沙意为"广阔的白色区域"，这里有对比鲜明的旱季和雨季。旱季时，盐沼上凹凸不平，裂缝丛生，还不时掠过急速的尘暴和旋风。在干涸的盐渍地上，动物爬行的痕迹纵横交错。这里被当地的奥万博人称为"幻影之湖"或"干涸之地"。在每年12月至第二年3月的季风季节，盐沼四周布满雨水塘，许多动物便会迁徙至此。

盐沼上有动物留下的串串足迹。

干燥的盐沼上裂缝纵横交错。

非洲最大的盐沼

　　埃托沙盐沼是非洲最大的盐沼，面积达4800平方千米。这么大的盐沼是怎么形成的呢？原来，在数百万年前流入埃托沙盐沼的河流就干涸了。没有了水源，又经过长期不断的蒸发，加上湖底渗漏，整个湖最终消失了。目前的盐沼上，仅散布着由盐泉形成的零星黏土盐丘，还有几条平行的水道向北通往安哥拉，显得十分荒凉神秘。

埃托沙盐沼上分布着因干燥而形成的白色细盐粒。

雨季的埃托沙盐沼水量充足，把象群也吸引来了。

埃托沙盐沼的雨季一到，象群就赶来了。

季节性动物大迁徙

　　雨季来临时，埃托沙盐沼上的动物大迁徙便开始了。数以万计的斑马和羚牛从盐沼东北部的安多尼平原蜂拥而至，接着是狮子、鬣狗、猎豹及野狗等。天空中还有一群群红鹳向盐沼上的大片水域进发。伯劳、隼、鹰、鸽、小云雀等鸟类，也纷纷赶来。而当旱季来临时，埃托沙盐沼逐渐干涸，动物们又纷纷离开这里，周围又归于平静。

骷髅海岸

骷髅海岸档案

位置：纳米比亚西部

代表景观：海岸沙丘与岩石

这些金色沙丘可是会流动的哦！

骷髅海岸位于非洲纳米比亚的纳米布沙漠和大西洋冷水域之间，是一片沙砾平原。从空中俯瞰，这里是一大片褶痕斑驳的金色沙丘，在强大海风吹拂下，不断流动。海岸附近的大风、急流、暗礁等恶劣的自然条件，使这里成为来往船只失事的高发地段。但这里丰富的地下水和湿润的草地却吸引了大量的海狗、海豹等海洋哺乳动物，因此又充满生机。

骷髅海岸上的金色沙丘

骷髅海岸沙滩
上的荒凉景象

栖息在骷髅海岸上的海豹

可怕的死亡之地

　　骷髅海岸是一片可怕的死亡之地。炎炎烈日下，奇异的楼台蜃景就会出现在沙漠上空，充满神秘色彩。沙漠上遍布流动的沙丘，还会在风中发出隆隆的呼啸声。海岸沿线水域也充满危险，有交汇的急流、8级大风、可怕的雾海和参差不齐的深海暗礁。来往船只经常在此失事，海岸上布满了各种沉船残骸，"骷髅海岸"由此得名。

海岸的主人

这里真荒凉啊！

　　虽然对人来说骷髅海岸是死亡之地，但这里却生活着种类繁多的动物，它们才是海岸的真正主人。在冰凉的水域里，居住着沙丁鱼和鲻鱼，它们引来了一群群海鸟和海豹。这片海岸也是南非海狗的故乡。每年春季，它们就回到这里生儿育女，漫长的海岸线是它们理想的活动场所。

骷髅海岸布满了各种沉船残骸。

奥卡万戈三角洲

奥卡万戈三角洲档案

位置：博茨瓦纳北部

代表景观：数以万计的水道和泻湖

> 奥卡万戈三角洲是一块草木茂盛的热带沼泽地。

奥卡万戈三角洲是一块草木茂盛的热带沼泽地，四周环绕着卡拉哈里沙漠草原。由于奥卡万戈河系每年携带着超过200万吨的泥沙灌入三角洲，三角洲的面积在泄洪高峰期可扩展至20000多平方千米，所以使得奥卡万戈三角洲成为非洲面积最大的绿洲。充足的水源，使三角洲草木葱翠，也使这里成了各种动物的理想栖息地。

可爱的沼泽羚羊在自由地奔跑。

非洲最大的绿洲

奥卡万戈三角洲是非洲最大的绿洲，这里是各种动植物的栖息宝地。其中心地带是莫雷米动物保护区，这里遍布着纸莎草和芦苇丛，还有各种野生动物，如河马、鳄鱼、沼泽羚羊和水獭等，而大象和水牛也定期造访。还有好几百种鸟类，包括非洲鱼鹰和孔雀蓝翠鸟也是这里的常客。居住在奥卡万戈水域的鱼类种类繁多，据估计有80种。

奥卡万戈三角洲上分布着众多的水道和泻湖。

三角洲地区嬉戏的斑马

"永远找不到海洋的河"

　　形成奥卡万戈三角洲的奥卡万戈河是一条没有入海口的河流，它只在卡拉哈里沙漠北部边缘地区流淌，被人们描述为"永远找不到海洋的河"。来自安哥拉高地的雨水汇集形成汹涌的洪流，由奥卡万戈河携带着倾入三角洲。这些洪流四处流散，在广袤的土地上形成数以万计的水道和泻湖，成为奥卡万戈三角洲的独特景观。

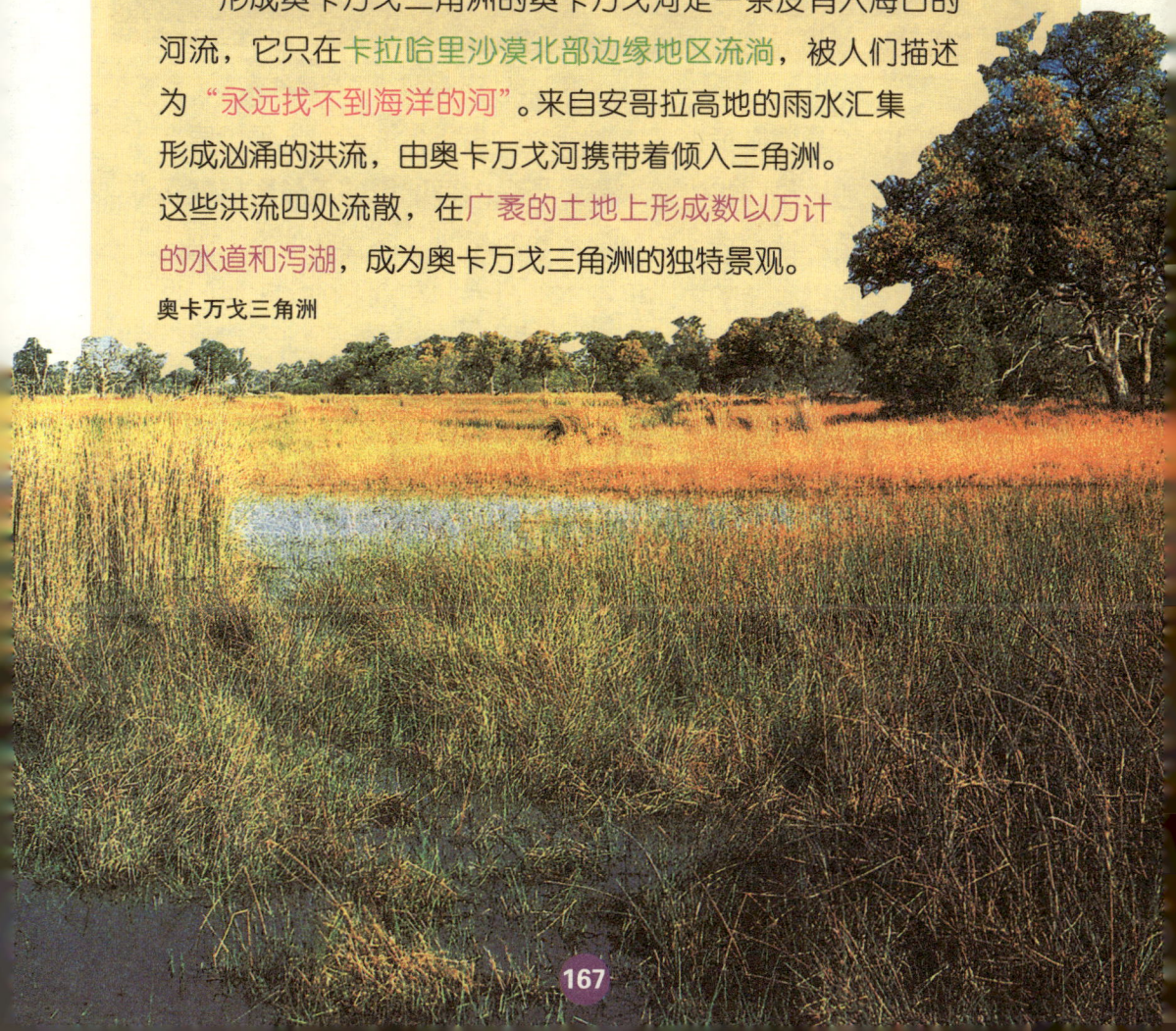

奥卡万戈三角洲

拱门国家公园

拱门国家公园档案

位置：美国犹他州东部

代表景观：美景石拱

风化拱门是拱门国家公园的代表性景观。

拱门国家公园位于美国犹他州的科罗拉多高原上，是世界上最大的自然沙岩拱门集中地之一。园区内有记载的天然岩拱就超过2000个，堪称全世界风化拱门分布最多、最密集的地区。由于当地的地质原因，新的拱门仍在不断产生。在众多的风化拱门之中，最雄伟壮观的就是著名的美景石拱了。

科罗拉多高原上的岩拱

奇特的天然拱门

跟我一起去看美国犹他州的岩拱奇观吧!

拱门国家公园以众多的奇特拱门而闻名,而奇中更奇的拱门景观首推 **美景石拱**。美景石拱是公园中最大的石拱。它宛如一条细长的丝带,以优雅的姿态衔接着两侧的岩壁。它把"南窗"和"北窗"两个拱门连成一线,看起来好像一双眼睛,令观者无不啧啧称奇。就连犹他州政府,也把它作为 **犹他州标志上的图案**。每年都有众多访客带着不同目的来到这里,一睹拱门奇观。

"北窗"拱门就像一只巨大的眼睛。

盐床造就的拱门吸引了众多游客前来观赏。

盐床造就拱门

公园中的大量岩拱是怎么形成的呢?答案是 **盐床**。原来,在3亿年前这里还是一片汪洋大海。在漫长的岁月里,海水消失了,**盐床和其他地质碎片挤压成岩石**,并且越来越厚。之后,盐床底部承受不住上方的压力而破碎,又经 **地壳隆起运动**,**加上风化侵蚀**,就形成了一个个奇异的拱形石头。

黄石国家公园

黄石国家公园档案

位置：美国怀俄明、蒙大拿和爱达荷三州交界处

代表景观：老忠实喷泉

> 地热区还有这样壮观的雪景，真让人惊奇。

黄石国家公园因黄石河两旁的峡壁呈黄色而得名。它是世界上第一座以保护自然生态和自然景观为目的而建立的国家公园，被称为"神奇的山地"。它不仅拥有石林、冲蚀熔岩流、壮观耀眼的石灰岩梯田等地质奇观，还有各种森林、草原、湖泊、峡谷和瀑布，其大量的热温泉、间歇泉、泥泉和地热气孔，更是构成了享誉世界的独特地热奇观。

地热区的雪景

壮观耀眼的石灰岩梯田

色彩艳丽的热水池

异彩纷呈的喷泉

公园里最吸引人之处是有许多异彩纷呈的喷泉。其中最有名的是老忠实间歇泉，它的名字缘于最稳定的喷发周期——平均每56分钟喷发一次。每次喷发时，滚热的泉水被抛向高空，水柱高达40～60米。此外，还有一些灼热的彩泥泉、泥泉、泥火山及泥糊泉，泉水混合着各色黏稠泥浆，一起翻滚、沸腾、咕咕作响，十分壮观。

黄石公园内的瀑布

光怪陆离的大峡谷

黄石公园的峡谷景观以黄石大峡谷最为有名。这里最令人称奇的是那些光怪陆离、五光十色的风化火山岩峡壁。在阳光下，峡壁从上到下都闪烁着耀眼的光彩——白、黄、绿、蓝以及无数种与红色调和而成的中间色，犹如一幅美不胜收的油画。而这里的瀑布十分美丽，尤其是下瀑布为峡谷一绝，其落差高达94米，比著名的尼亚加拉瀑布还超出一倍呢。

国会礁脉国家公园

国会礁脉国家公园档案

位置： 美国犹他州

代表景观： "国会礁"、"水穴褶曲"

公园内最醒目的景观 "水穴褶曲"

> 这些褶皱就是海陆变迁的证明啊！

美国中南部犹他州的国会礁脉国家公园是在1971年成立的。虽然人们称它为"礁"，但它并非由珊瑚礁构成。原来，早期的摩门教徒到此垦荒，看到这里宛如海洋礁脉般的红岩峭壁，上方覆盖着穹顶般的白色岩层，不禁联想到美国的国会大厦，因此称它为"国会礁"。公园中色彩丰富的岩层组合成奇特景观，令游人赞叹不已。

狂风侵蚀成的"国会大厦"

国会礁的地形形成于6500多万年前，那时科罗拉多高原正在逐渐抬升，这里也随之抬高，与其相连的其余部分相对下沉，造成岩层大规模扭曲。它们没有在褶皱处断裂，而是自然地垂在褶皱上。千百万年来，呼啸的狂风对褶皱进行着无情的侵蚀，渐渐形成了平行的山脊和峡谷相间的地貌，一座天然的"国会大厦"便出现了。

国会礁脉国家公园的地表起伏较大，道路崎岖难行。

"国会礁"真的很像美国国会大厦哦！

"水穴褶曲"和"水壶"

公园内最醒目的景观为南北纵横160千米的"水穴褶曲"。这块地域原本是海底的一部分，它们跟随科罗拉多高原一起，经过几千万年从海底拱出水面，升到高原后就形成了这种波浪形的褶皱。国会礁的有些褶皱，因为可以积聚雨水而被称为"水壶"。积水的侵蚀使"水壶"不断扩大，逐渐成为一些生物的栖身之所。

酷似美国国会大厦的"国会礁"

国会礁脉国家公园内的奇景

化石林

化石林档案

位置：美国亚利桑那州北部
代表景观："蓝色弥撒"环形路、彩色沙漠

古老的化石树段

美国亚利桑那州北部阿达马那镇附近集中着世界上最大、最绚丽的化石林。它是由数以千计的树干化石组成的。它们本是拥有上亿年历史的史前林木，几经地质变迁才形成化石。木质化石的形成极为不容易，而这么大规模的木质化石林更是奇观了。这些树干化石依然保持着原始的木质纹理，倒卧在地面上，在阳光下闪闪发光，充满了神奇色彩。

原来树木也可以变成化石啊！

五彩斑斓的化石树

化石林地区有6片密集的"森林"，其中最美的是彩虹森林。彩虹森林由五彩斑斓的化石树组成。它们原本是史前林木，于1.5亿年前被洪水冲走，掩埋于泥土、砂石和火山灰下。几经地质变迁，这些埋藏在地下的树干才得以重见天日。可是其木质细胞已经发生矿化作用，又被水中的铁、锰氧化物染上鲜艳的颜色，于是变得五彩斑斓、绚丽迷人。

化石林公园内山丘起伏，常有野生动物出没。

要知道，这些化石树可有上亿年的历史了。

奇异的山丘和岩石

在零星散落的彩色化石岩林中，有一处景致最为特别，那就是长达2000米被称为"蓝色弥撒"（弥撒，天主教徒用面饼和葡萄酒祭祀天主的仪式）的环形路。从路中向下俯视，蓝紫色的山丘高矮起伏，营造出一种梦幻般的色调。另外，这里的"彩色沙漠"化石林也很著名，其中有许多由2.5亿年前的树木演化沉积而成的彩色岩石，色彩绚丽，堪称举世罕见。

奇特的树形化石

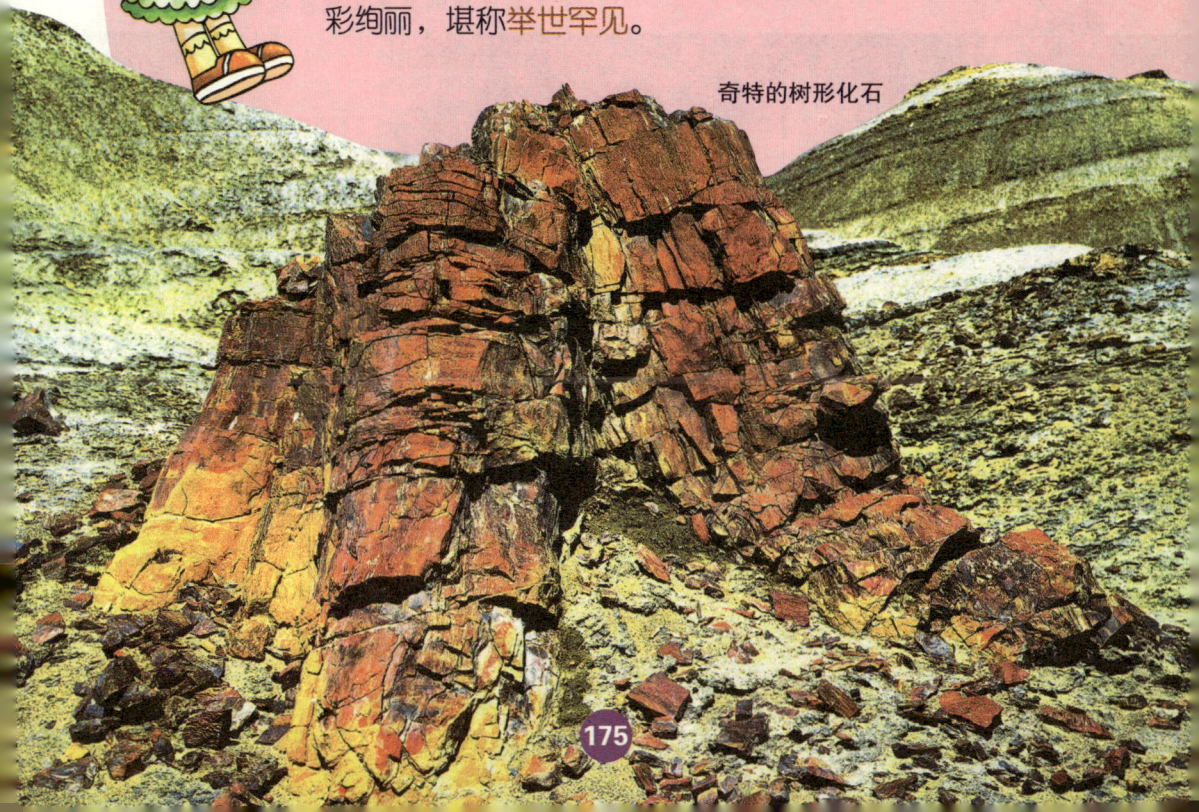

卡尔斯巴德洞窟

—— 卡尔斯巴德洞窟档案 ——

位置：美国西部新墨西哥州

代表景观："绿湖厅"、"老人岩"钟乳石笋

> 这个洞窟是在三四百万年前形成的。

卡尔斯巴德洞窟位于美国新墨西哥州佩科斯河西岸，是由目前已发现的81个洞窟组成的喀斯特地形网，是一个多姿多彩的地下世界。其中最深的一个洞窟，名为"绿湖厅"，因其洞中央有艳绿色的水潭而得名。而洞窟内的"老人岩"钟乳石笋，则是这里的代表性景观。洞窟内的史前人类岩画同样让人浮想联翩。

卡尔斯巴德洞窟是由天然硫酸溶蚀而成的。

人类发现的最深洞窟

　　卡尔斯巴德洞窟位于地表以下305米，是迄今为止人类所发现的最深的洞窟。整个洞窟群长达100多千米，是世界上最长的山洞群之一。而如此庞大的洞窟群又是如何形成的呢？原来，地层石油中的含碳化合物被微生物分解，会产生硫化氢。这种气体钻出岩缝，跟水和氧气结合生成硫酸，正是硫酸溶蚀出这些庞大的石灰岩洞窟。

洞窟内遍布钟乳石、石笋和石膏晶体等。

洞窟内的史前人类岩画

卡尔斯巴德洞窟

洞天"蝠"地

　　卡尔斯巴德洞窟的另一壮观景象是栖息在洞窟里的蝙蝠。庞大的黑暗洞窟，非常适合昼伏夜出的动物——蝙蝠的青睐，使这里成为洞天"蝠"地。尤其是在黄昏的时候，上百万只蝙蝠从阴冷黑暗的洞窟中振翼飞出，在黑暗中捕食昆虫，挡住了整个卡尔斯巴德洞口，铺天盖地的浩大场面令人叹为观止。人们还能听到蝙蝠振翼的飕飕声和吱吱的叫声，同样令人兴奋。

大沼泽地国家公园

大沼泽地国家公园档案

位置：美国佛罗里达州

代表景观：水草丰茂的沼泽地

这片沼泽地果然是"绿草如茵"啊！

　　1948年成立的美国佛罗里达州大沼泽地国家公园内沼泽遍布，河道纵横，小岛数以万计。当地的印第安人称这片沼泽地为"帕里奥基"，意思是"绿草如茵的水域"。辽阔的沼泽地、壮观的松树林和星罗棋布的红树林为无数野生动物提供了安居之地，使这里成为美国本土最大的亚热带野生动物保护地。

印第安人称大沼泽地为美丽的"帕里奥基"。

低洼平坦的水涝地

大沼泽地国家公园长约100千米，宽约80千米，面积约5670平方千米。大沼泽的中央是一条浅水河，河里有无数低洼的小岛。这里大部分属地势低洼平坦的水涝地，非常适合莎草的生长。放眼望去，翠绿色和棕色的莎草交织成一大片，闪烁着异彩；草丛下，水色灿烂，河水静静流淌。

大沼泽地的涉水禽类

濒危动物的避难所

大沼泽地的广阔水域，为无数鸟类、爬行动物以及海牛等濒危动物提供了良好的避难场所。大沼泽地是世界上著名的鸟类观赏胜地。园内栖息有300多种鸟类，其中像苍鹭、白鹭这些美丽的涉水禽类得到了很好的保护。这里还是美洲特有的爬行动物——美洲鳄的最佳栖息地。另外，每逢夏天，艳丽的热带斑纹蝴蝶也经常在这里出没。

景色秀丽的大沼泽地国家公园莎草丛生

乌卢鲁国家公园

乌卢鲁国家公园档案

位置：澳大利亚北部

代表景观：艾尔斯岩石

奇特的奥尔加山吸引了众多的攀登者。

乌卢鲁国家公园位于澳洲大陆炎热的内陆沙漠地区。乌卢鲁是当地土著人对一块名叫"艾尔斯"的巨石的尊称，意为"见面集会的地方"。公园里目之所及的是一片片起伏的血红色沙漠，这是经历了亿万年的高温干旱后，地表被氧化的结果。1987年和1994年，乌卢鲁国家公园被联合国教科文组织作为文化和自然遗产列入《世界遗产名录》。

旭日下的艾尔斯岩石

奥尔加山的卵石

荒原巨石

奥尔加山的卵石形状就像奇怪的鸟蛋一样。

乌卢鲁国家公园内静卧着一块世界上最大、最高的磐岩独石，这就是艾尔斯岩石。它凸起在平原上，仿佛顶天立地的巨人。艾尔斯岩石旁伴有高低起伏的奥尔加山，其山体呈卵圆形，像鸟蛋一样，成为这片沙漠上的另一奇景。另外，艾尔斯岩石脚下的玛姬泉，泉水永不枯竭，在沙漠里也显得弥足珍贵。

澳大利亚特有的动物

乌卢鲁公园里繁衍着许多澳大利亚特有的动物，例如大袋鼠、鸸鹋等。大袋鼠身长有的可达2米，尾巴又长又粗，跳跃力极强，每小时可跑60千米。鸸鹋样子像阿拉伯沙漠中的大驼鸟，身高1米多，是世界上最大的陆地鸟之一。澳大利亚国徽图案的组成就是左边一只大袋鼠，右边一只鸸鹋。

鸸鹋是澳大利亚国徽图案的组成部分之一。

第五章

MOST EXPL RE

最探索
系列

沙漠奇景

SHAMO QIJING

　　地球上有一些地方，完全被沙子所覆盖，气候炎热干燥，缺乏降水，动植物稀少，这里就是沙漠。目前，沙漠占全球陆地面积的十分之一，主要分布于北非、西南亚、中亚和澳大利亚地区。本章所介绍的都是世界上最有代表性的沙漠，它们呈现出大自然特殊地貌造就的神奇景象，各具特点，别有风情。这些奇妙的景色究竟是怎么形成的？让我们一起去看看吧！

塔克拉玛干沙漠

塔克拉玛干沙漠档案

位置：中国新疆塔里木盆地

代表景观：风蚀蘑菇

塔克拉玛干沙漠上沙丘遍布。

　　塔克拉玛干沙漠位于中国塔里木盆地中部。它总面积约30万平方千米，是中国最大的沙漠。其中流沙占总面积的85％，这使它成为世界第二大流动性沙漠。这里遍布沙丘，地形起伏很大，昼夜温差悬殊，气候特别干燥，荒无人烟。炽热的高温，使这里常会看到海市蜃楼的奇景。

一望无际的塔克拉玛干沙漠

"死亡之海"

"塔克拉玛干"在维吾尔语里意为"进去出不来的地方",当地人称它为"死亡之海"。沙漠里遍地黄沙,在这里只有胡杨、柽柳等沙漠植物和一些沙漠动物能够顽强地生存下来。白天,塔克拉玛干赤日炎炎,黄沙滚烫,地表温度有时高达80℃。沙漠旅人常常会看到远方出现朦朦胧胧的海市蜃楼,虚幻缥缈,胜似仙境。

沙漠中顽强生长的胡杨

塔克拉玛干真的是"进去出不来"吗?

奇特的沙丘——"圣墓山"

塔克拉玛干沙漠中流动沙丘的面积很大,高度一般在100~200米,最高达300米左右。沙丘类型复杂多样,其中最有名的沙丘叫"圣墓山"。它是由沉积岩露出地面后形成的,主要成分是红沙岩和白石膏,看上去红白分明。"圣墓山"上还有奇特壮观的风蚀蘑菇,高约5米,在巨大的"蘑菇"盖下可容纳10余人。

沿塔里木河两岸,生长着密集的胡杨林。

鸣沙山—月牙泉

鸣沙山—月牙泉档案

位置：中国甘肃省敦煌市城南

代表景观：鸣沙山、"月泉晓彻"

想不到沙漠里还有这么清澈的泉水啊！

鸣沙山—月牙泉以"山泉共处，沙水共生"的奇妙景观著称于世，被誉为"塞外风光之一绝"，是沙漠地区奇异绮丽的自然景观。来到鸣沙山—月牙泉的人，无论是从山顶鸟瞰，还是在泉边漫步，都会遐思万千，有"鸣沙山怡性，月牙泉洗心"之感。1994年，鸣沙山—月牙泉被定为国家重点风景名胜区，成为中国乃至世界人民向往的旅游胜地。

水平如镜的月牙泉

鼓乐齐鸣的鸣沙山

鸣沙山的得名，是因人沿沙面滑落而产生鸣响。当人从山巅顺陡立的沙坡滑下时，流沙似金色群龙飞腾，鼓乐齐鸣，不绝于耳。相传，古代这里有位将军带兵和敌人展开厮杀，突然被漫天黄沙掩埋，遂成鸣沙山。人们传说，"沙鸣是两军将士的厮杀之声"。另外，这里的沙子分为红、黄、白、黑、青五色，光亮耀眼，也颇为神奇。

夕阳下的月牙泉

鸣沙山的神奇魅力吸引着四海游客。

从鸣沙山上滑下来真的很好玩！

"洗心怡性"的月牙泉

月牙泉处于鸣沙山的环抱之中，南北长近100米，东西宽约25米，泉水东深西浅，最深处约5米，因其形状酷似一弯新月而得名。月牙泉内水草丰盛，游鱼成群。它的奇异之处在于：流沙与泉水之间相距仅数十米。虽时常遭遇狂风，泉水却不被流沙所湮没，永不干涸。自汉朝起即得名"月泉晓彻"，为"敦煌八景"之一。

鸣沙山石分五色，也叫五色鸣沙山。

撒哈拉沙漠

撒哈拉沙漠档案

位置：非洲北部

代表景观：形态奇特的岩漠

撒哈拉沙漠是世界上最大的沙漠。它横贯非洲大陆北部，东西长达5600千米，南北宽约1600千米，面积约960万平方千米，约占非洲总面积的32%。这里的干旱地貌类型多样，由岩漠、砾漠和沙漠组成，还有美丽而珍贵的绿洲。由于该沙漠地处副热带高压带，气候炎热干燥，绝对最高气温达45℃以上，素有"热乡"之称。

> 沙漠风暴的威力真大啊！

撒哈拉沙漠风暴掩盖了火山口的遗迹。

沙暴频发的沙漠

撒哈拉沙漠地区风沙盛行，沙暴频繁，春季更是沙暴的高发季节。沙暴来临时，狂风怒吼，飞沙走石，霎时间天昏地暗，黄沙吞噬了大漠中的一切。几小时后，沙暴平息，沙漠城镇的街巷、广场、房舍等到处都是一层厚厚的沙尘。树林前也经常堆起沙堆或沙丘。不过，沙暴过后的天气特别晴朗，令人有"风过沙山分外明"的感觉。

沙漠绿洲

沙漠中的棕榈树

撒哈拉沙漠里的人间天堂

在撒哈拉沙漠里，不仅有遍地黄沙和漫天沙暴，还有人间天堂——绿洲。绿洲是地下水出露或溪流灌注的地方。这里渠道纵横，林木苍郁。从高空鸟瞰，绿洲就如同沙海中的绿色岛屿，它们是沙漠地区人们赖以生存的地方。在绿洲里，人们种植最普遍的是椰枣树，每年10月是撒哈拉收获椰枣的黄金季节。

撒哈拉沙漠

沙漠的曲线真美呀，像画家画出来的一样。

岩塔沙漠

岩塔沙漠档案

位置：澳大利亚西部

代表景观："荒野的墓标"——岩塔

岩塔沙漠位于澳大利亚西部的西澳首府珀斯以北约250千米处，在临近澳大利亚西南海岸线的楠邦国家公园内。沙漠中林立着成千上万的塔状岩石，往沙漠腹地走去，这些岩石的颜色由暗灰色逐渐变成金黄。它们的形状也颇为奇特，使人感觉神秘而怪异。这种奇观在沙漠里是极其罕见的。

这些岩塔的形状好奇特啊！

久经风雨的岩塔

"荒野的墓标"

所谓岩塔，是一些塔状岩石，高1～5米。人们称这些岩塔为"荒野的墓标"。这些"墓标"的形状千姿百态：有的表面比较平滑；有的表面粗糙，状若蜂窝；有的岩塔成簇排列，酷似巨大的牛奶瓶散放在那里；还有的形似鬼怪，似乎正在向四周的小鬼说教。当风沙起时，岩塔时隐时现，更显得诡谲神秘。

辽阔的岩塔沙漠如一座宽阔的石头城。

在岩塔沙漠中
悠闲散步的鸸鹋

"墓标" 是怎么形成的

这些"墓标"是怎么形成的呢？经研究，人们发现，帽贝等海洋软体动物是构成岩塔的原始材料。几十万年前，这些软体动物的贝壳分解成石灰沙，被风浪带到岸上，层层累积堆成沙丘。后来，经过植物固定把石灰沙变成石灰岩。植物死后，在微生物的作用和雨水的侵蚀下，有些石灰岩被风化掉，只留下较硬的部分，从而成为岩塔。

"荒野的墓标"

图书在版编目（CIP）数据

世界最美丽的自然奇观 / 龚勋主编. —北京：华
夏出版社，2012.6
ISBN 978-7-5080-5627-2

Ⅰ.①世… Ⅱ.①龚… Ⅲ.①自然景观—世界—少儿
读物 Ⅳ.① P941-49

中国版本图书馆 CIP 数据核字 (2012) 第 049954 号

出品策划：文轩出品

网　　址：http://www.huaxiabooks.com

中国学生知识博物馆·第二辑

世界最美丽的
自然奇观
MOST EXPLORE 最探索系列

总 策 划	邢 涛	出版发行	华夏出版社
主 编	龚 勋	地　　址	北京市东直门外香河园北里 4 号
项目策划	李 萍	邮　　编	100028
文字统筹	谢露静	总 经 销	新华文轩出版传媒股份有限公司
编 撰	申哲宇　王 瑛		
责任编辑	张天舒　李菁菁	印　　刷	北京市松源印刷有限公司
		开　　本	787×1092　1/16
设计总监	韩欣宇	印　　张	12
装帧设计	乔姝昱	字　　数	70 千字
版式设计	乔姝昱	版　　次	2012 年 6 月第 1 版
美术编辑	安 蓉　葛明芬	印　　次	2012 年 6 月第 1 次印刷
图片提供	全景视觉	书　　号	ISBN 978-7-5080-5627-2
印 制	张晓东	定　　价	25.00 元